오토캐드
AUTO CAD
기초부터 활용까지

C·O·N·T·E·N·T·S

CONTENTS

실습예제 I (칫수 기입)

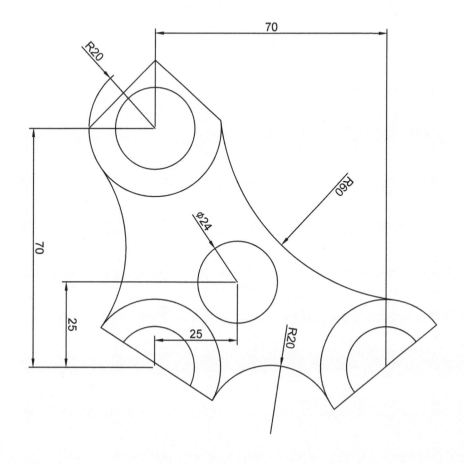

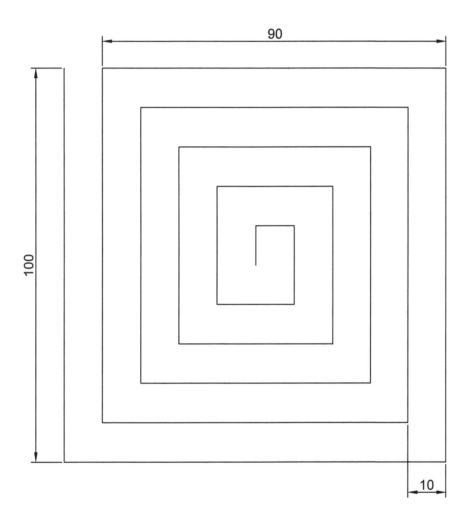

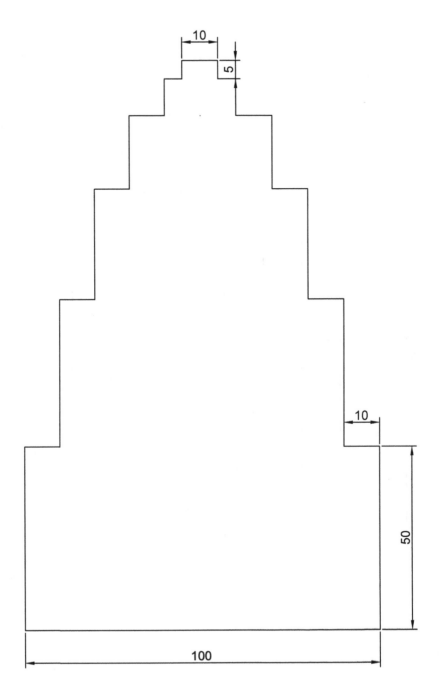

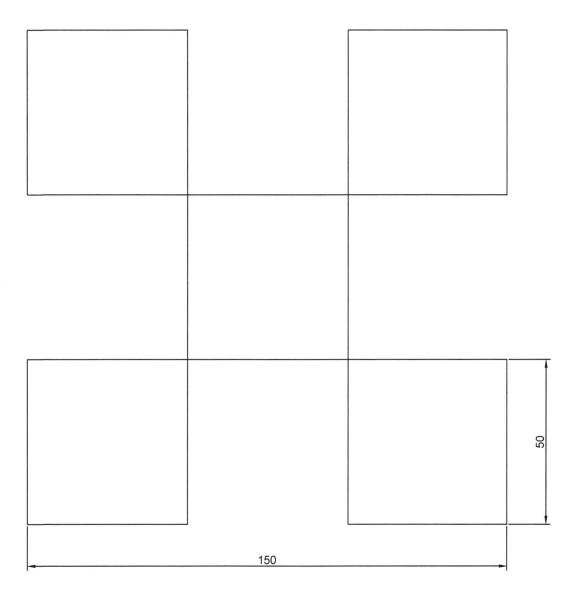

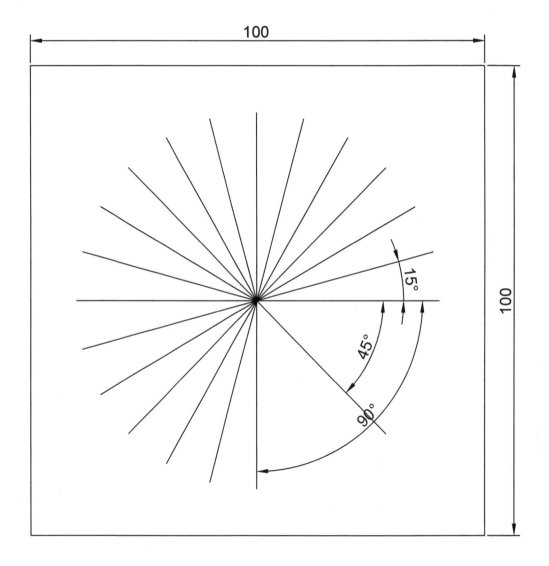

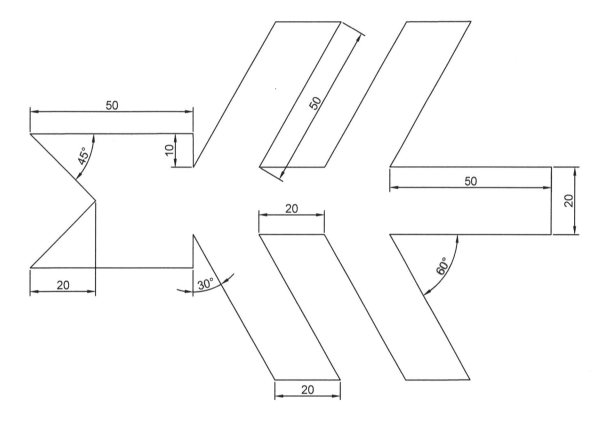

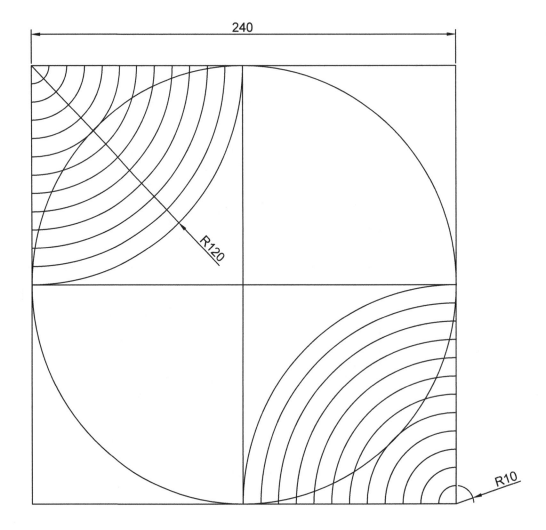

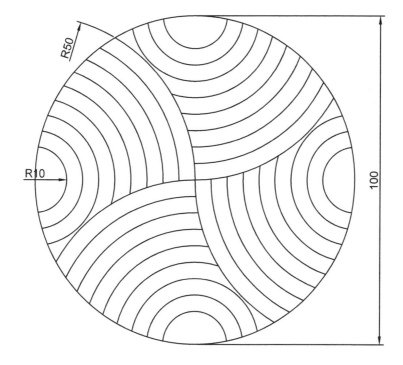

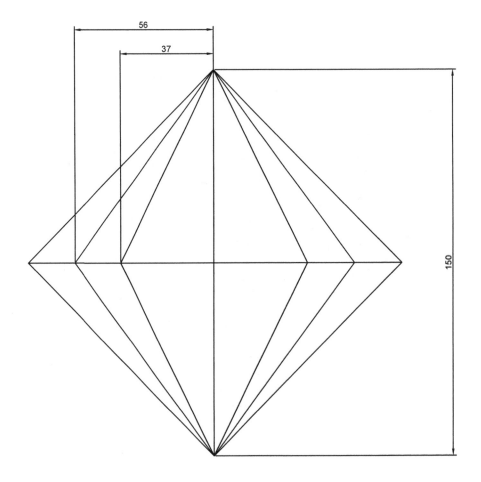

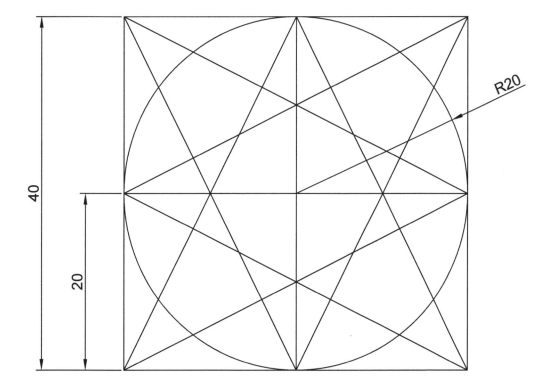

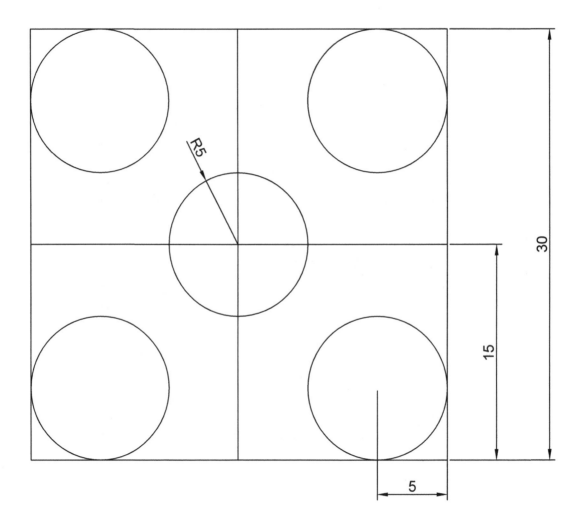

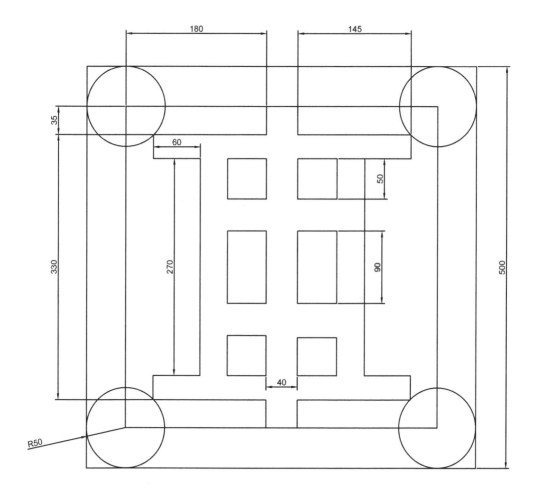

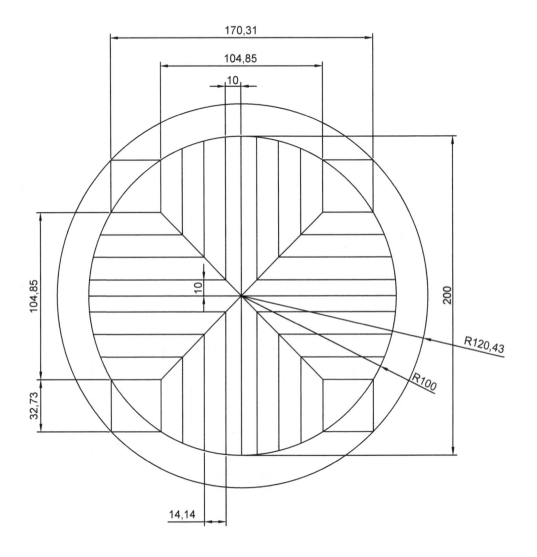

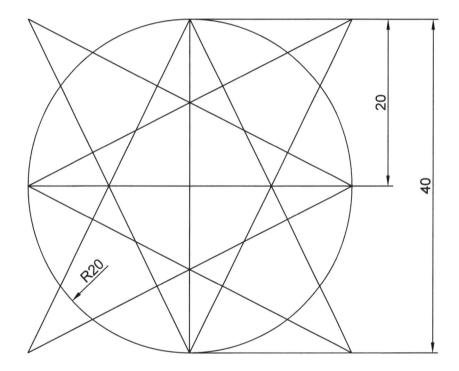

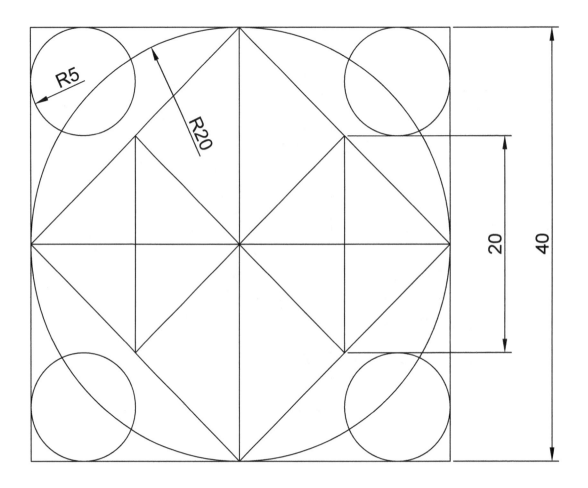

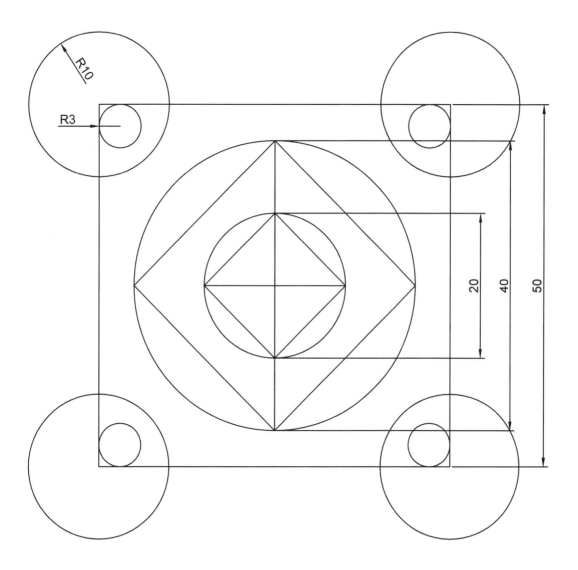

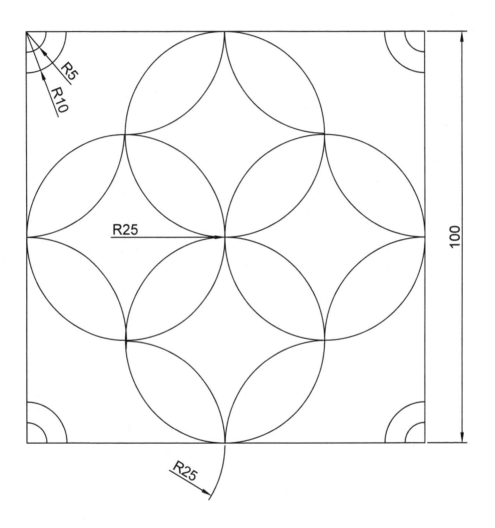

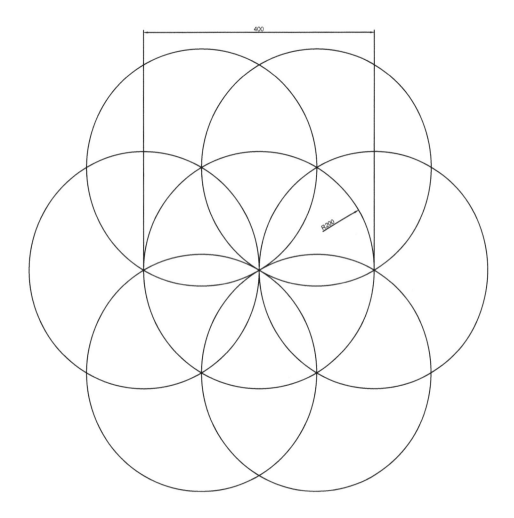

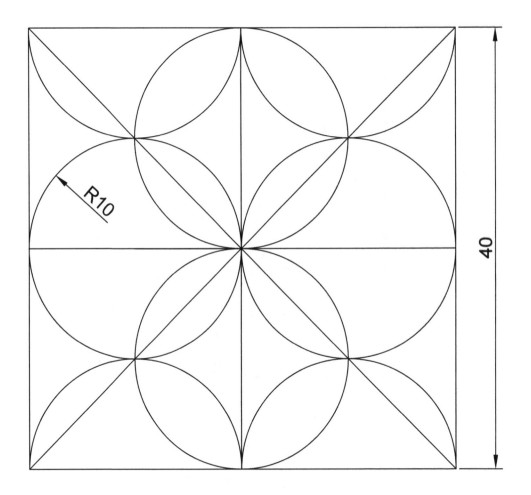

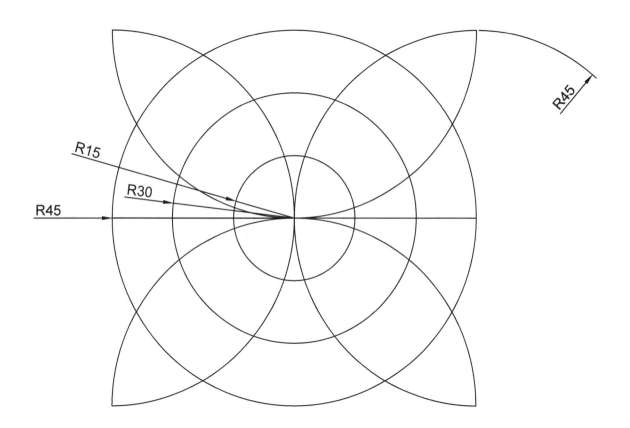

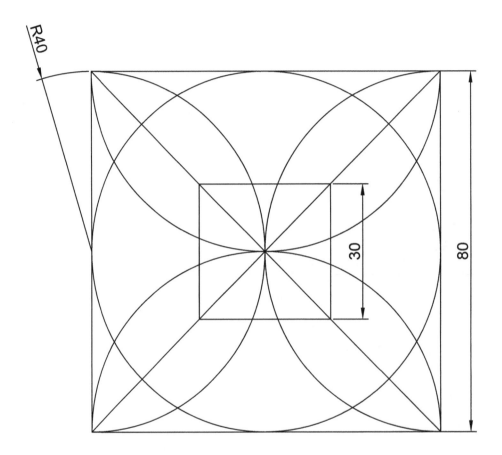

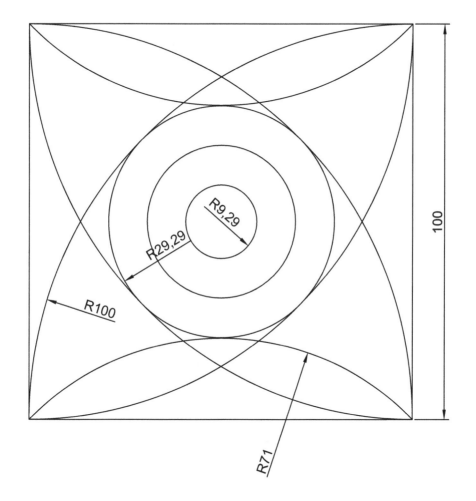

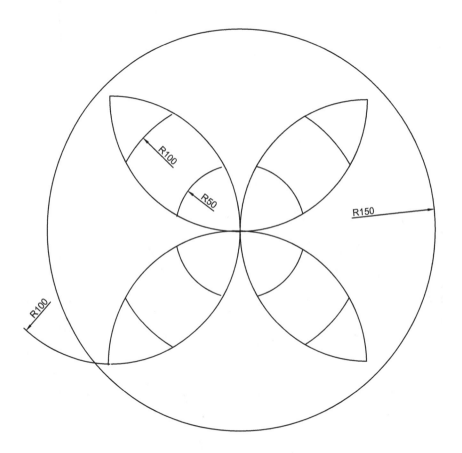

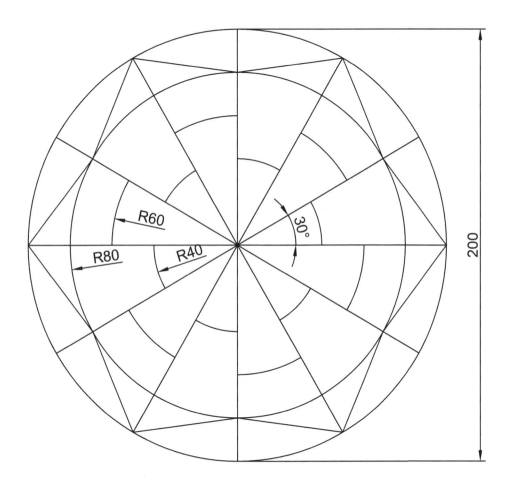

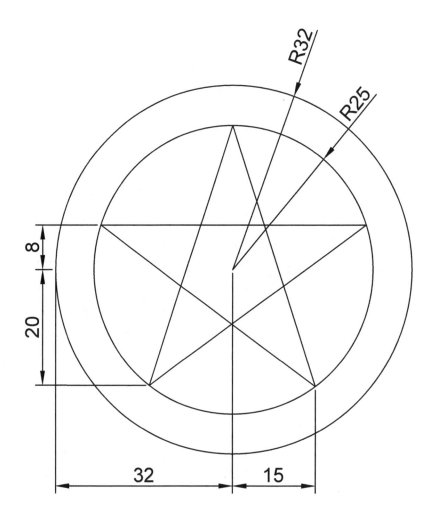

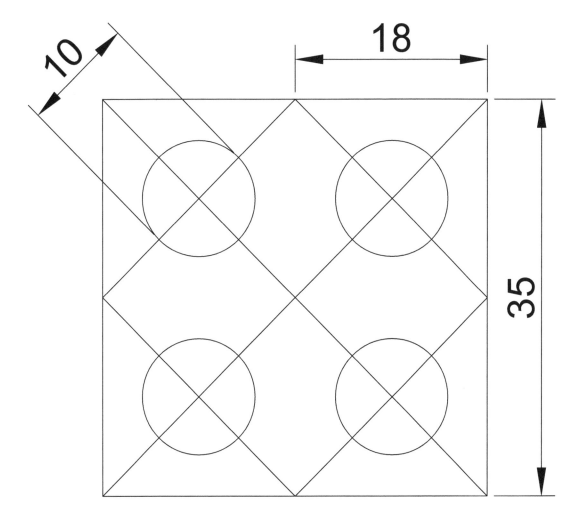

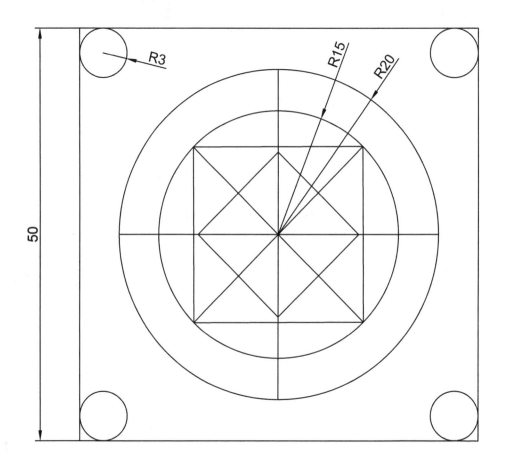

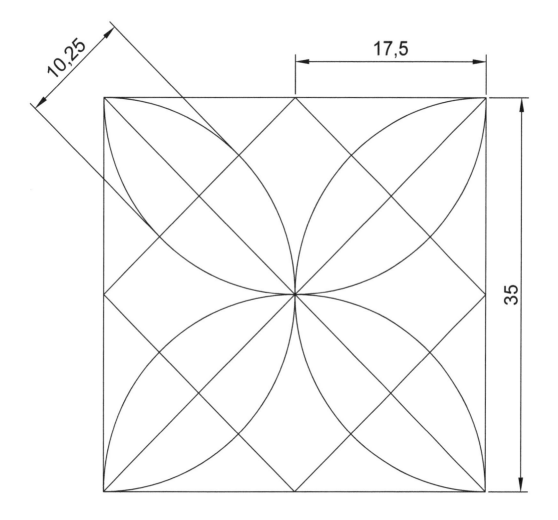

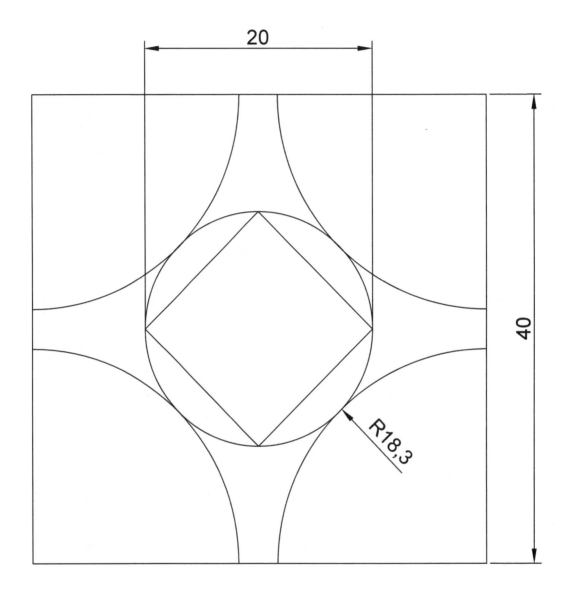

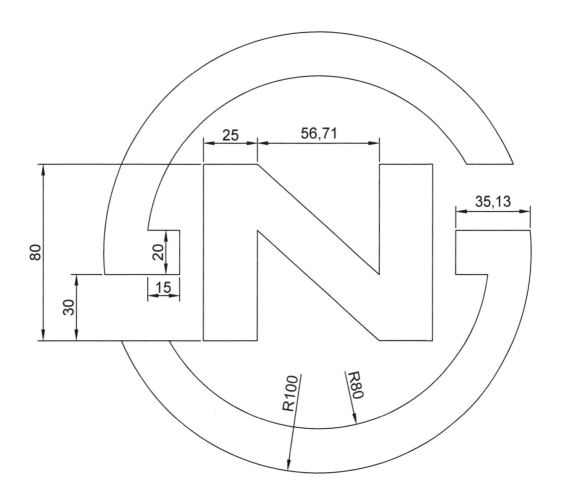

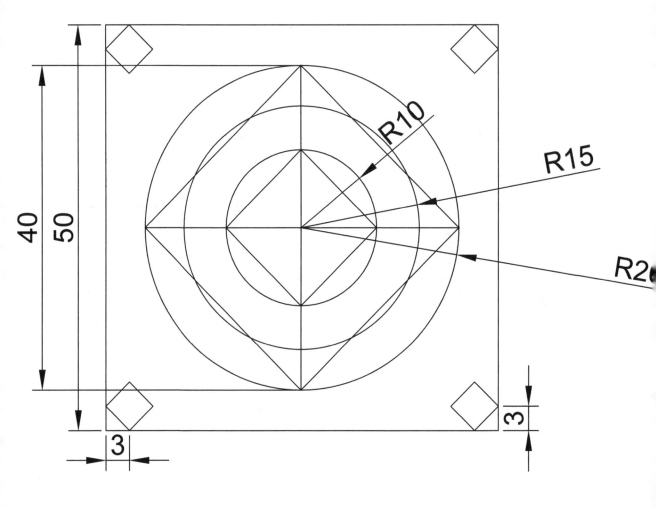

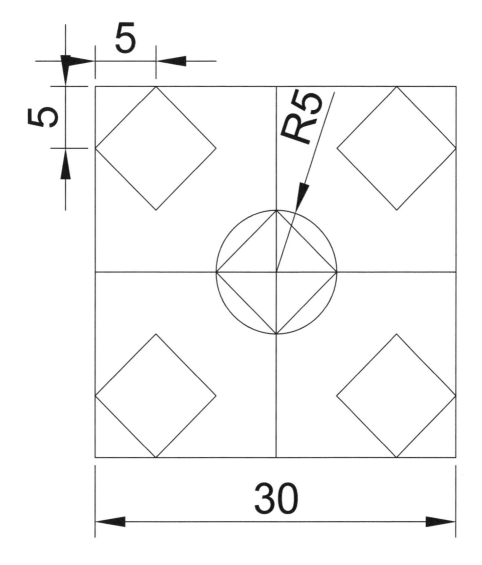

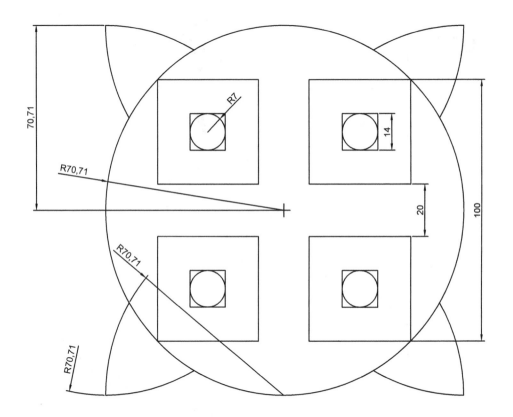

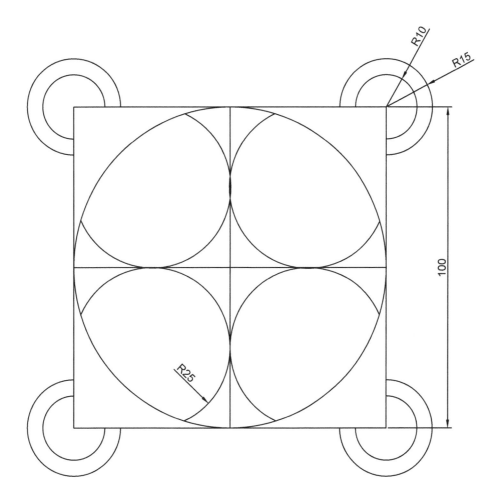

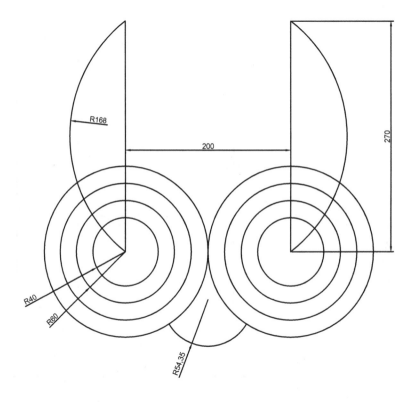

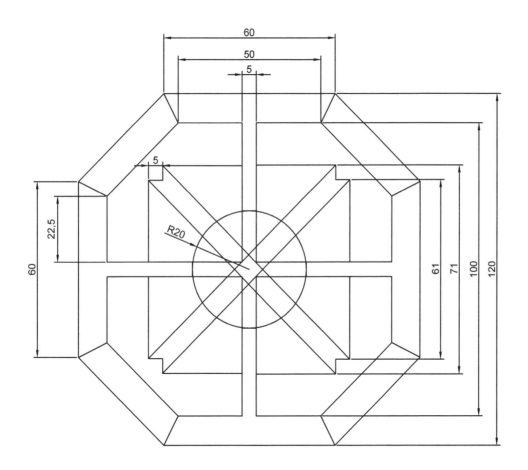

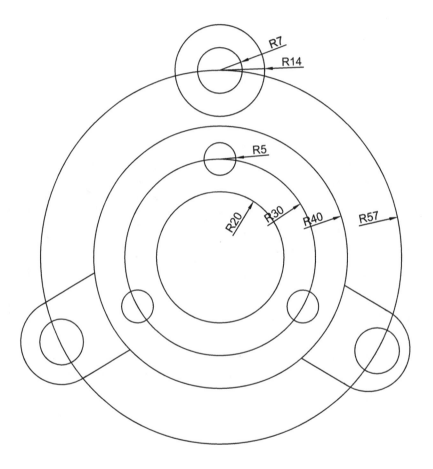

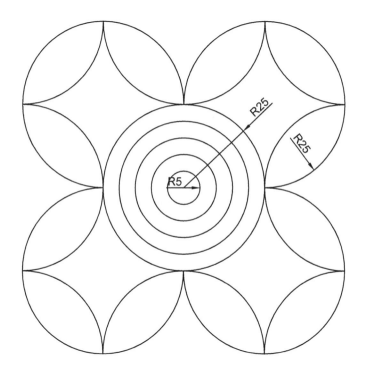

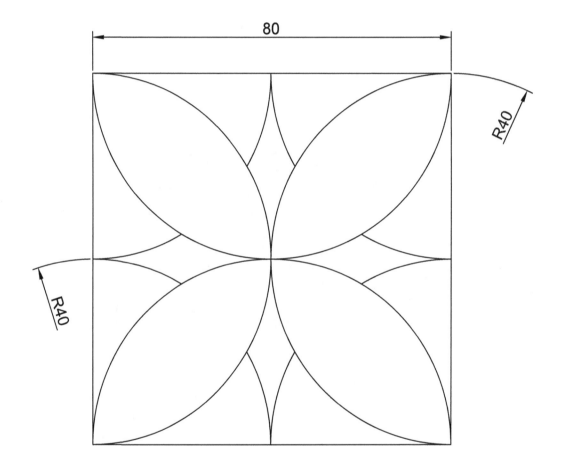

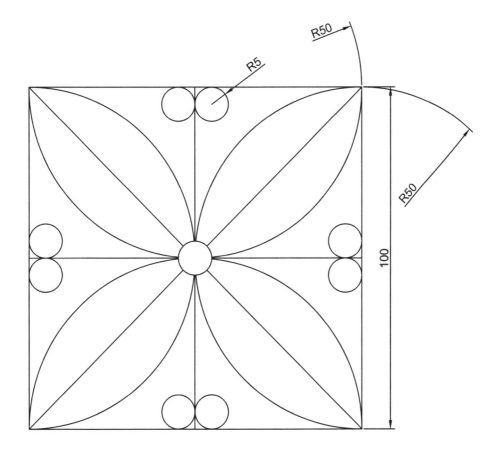

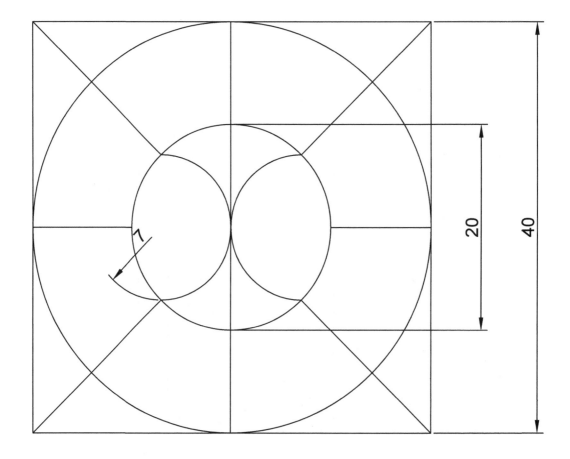

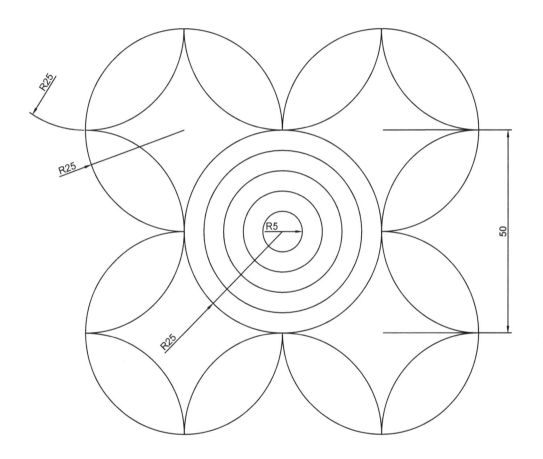

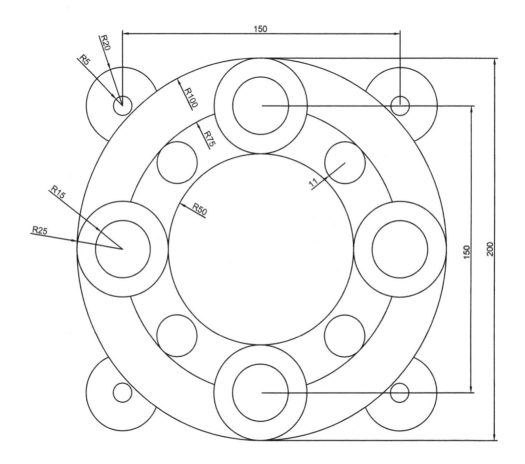

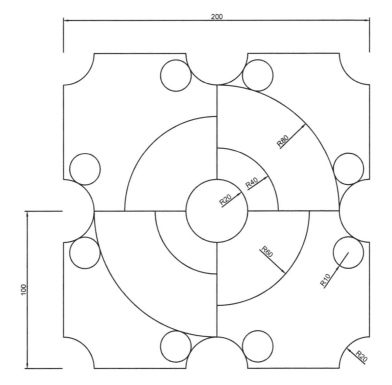

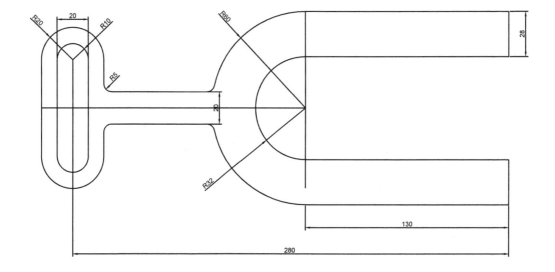

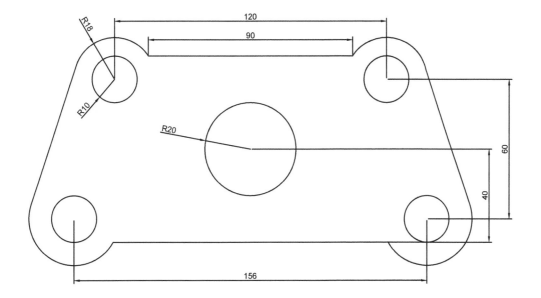

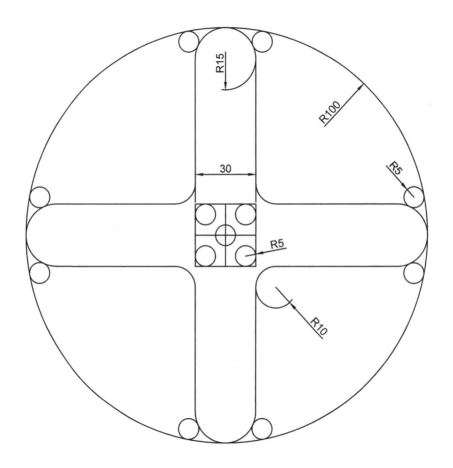

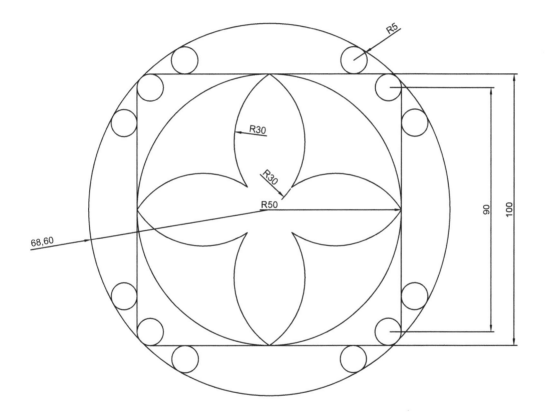

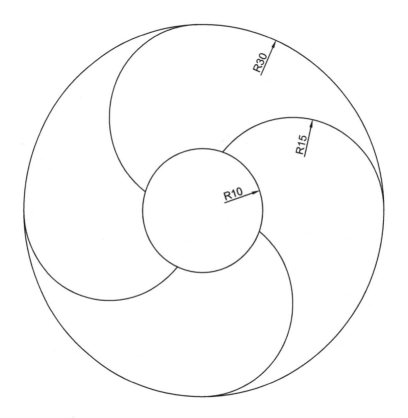

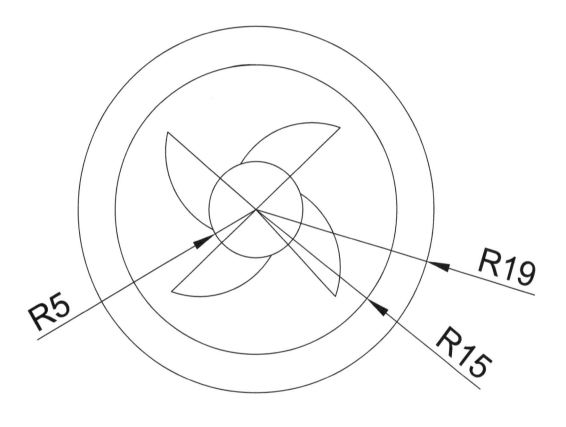

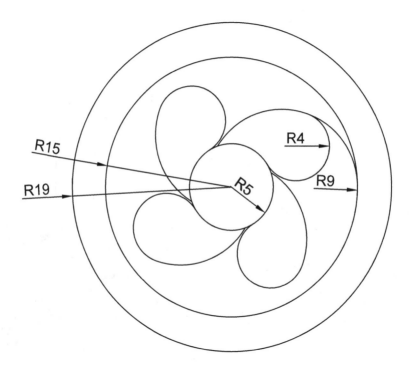

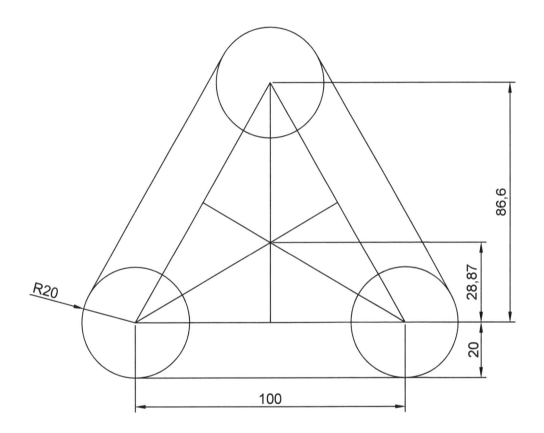

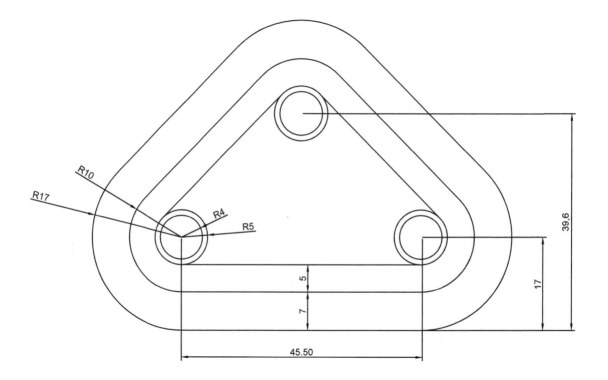

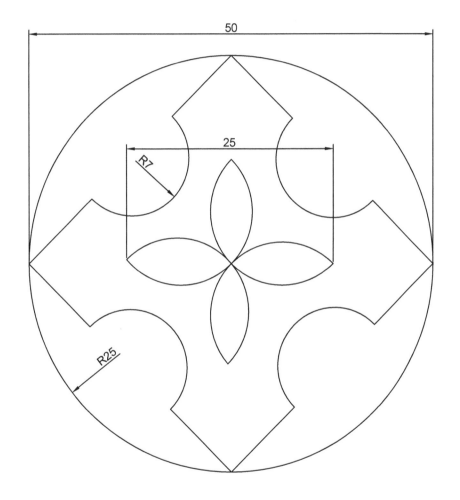

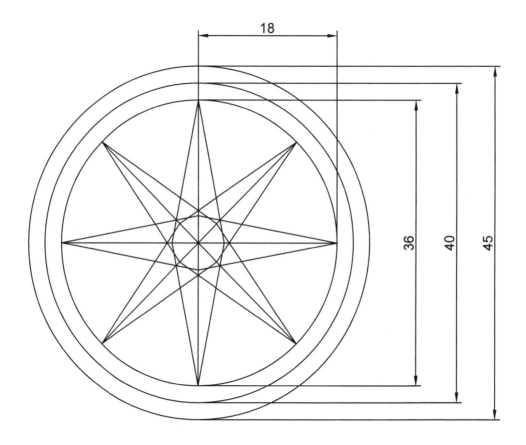

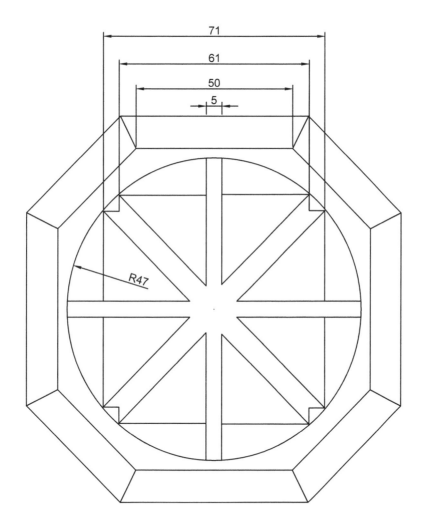

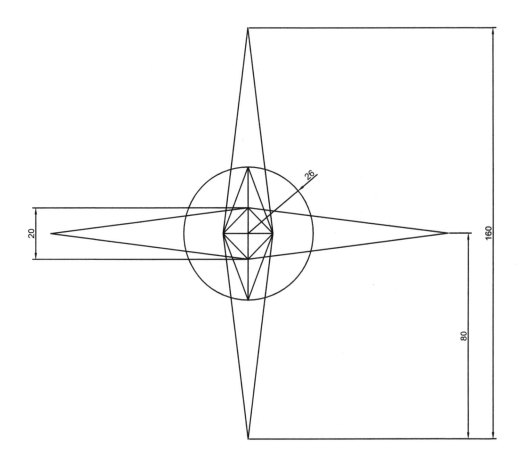

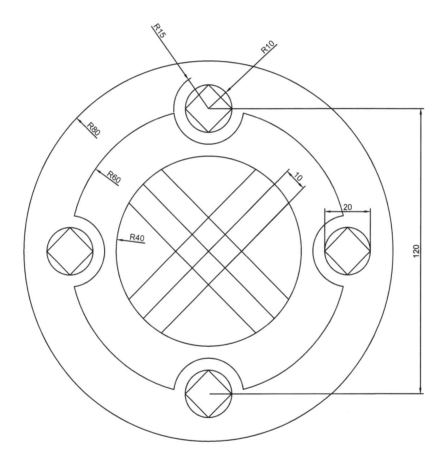

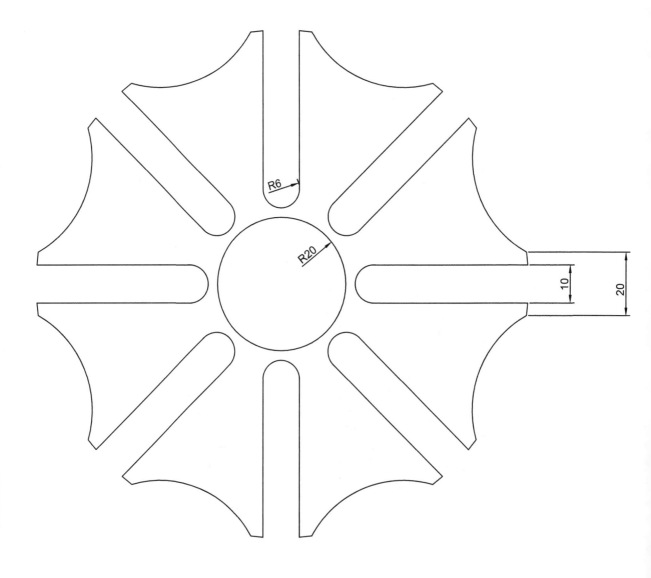

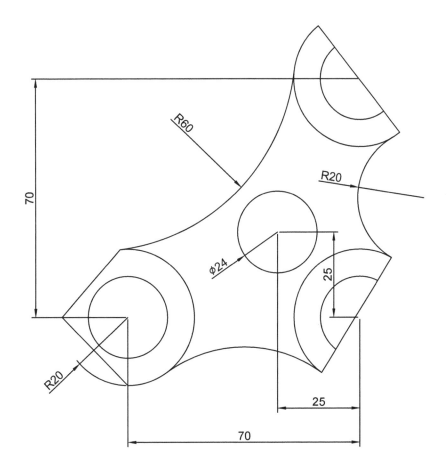

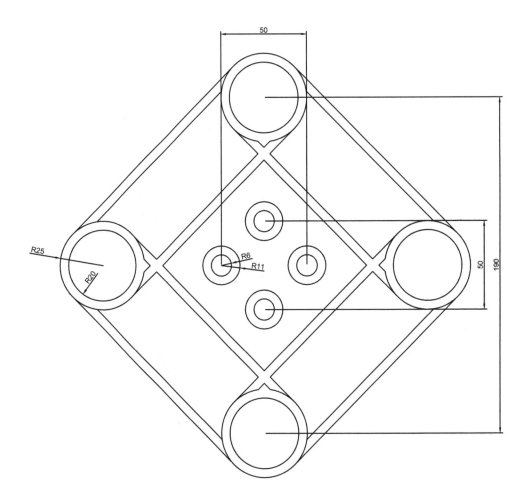

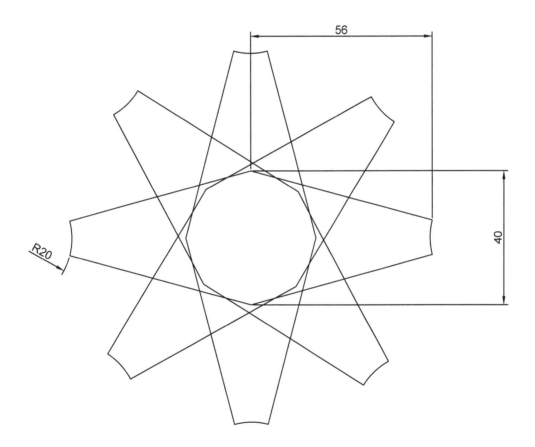

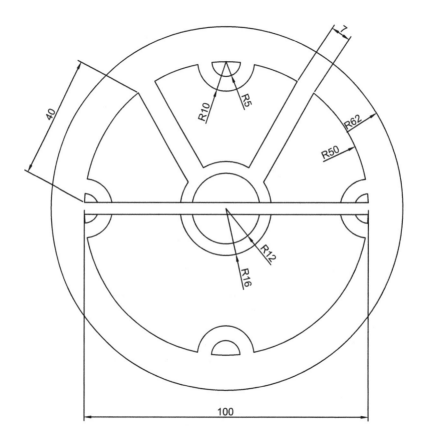

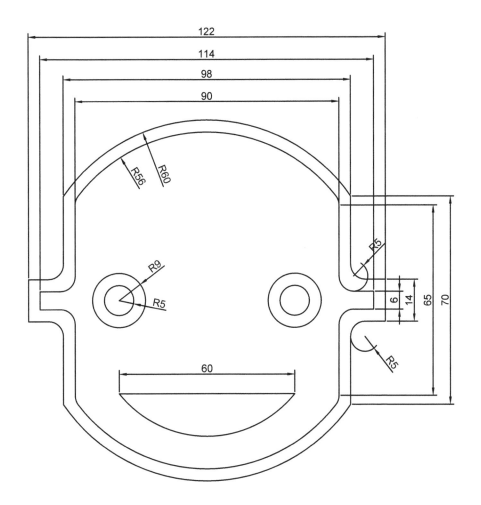

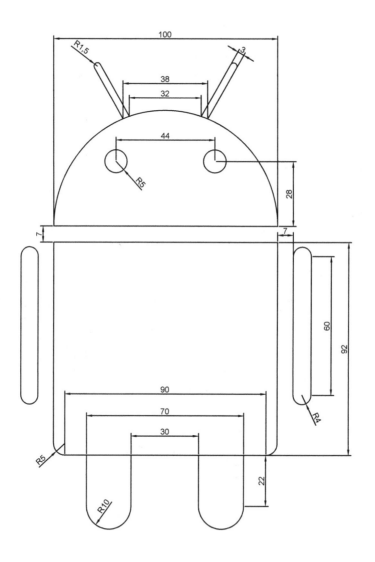

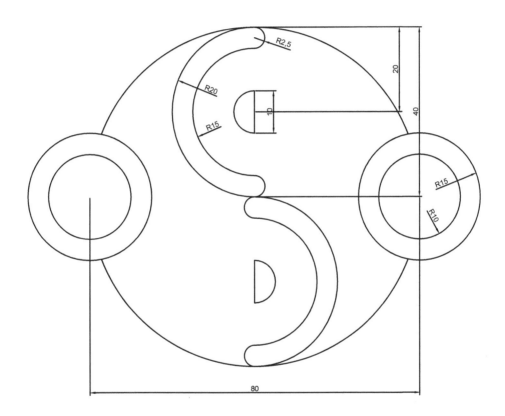

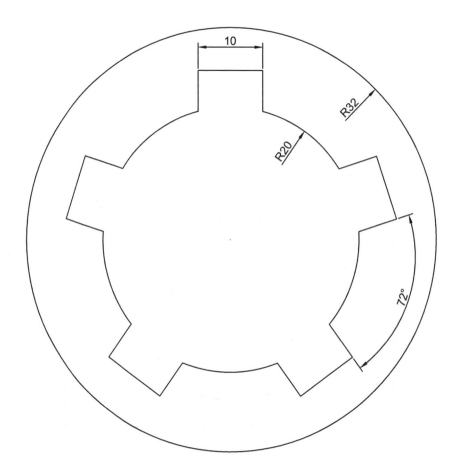

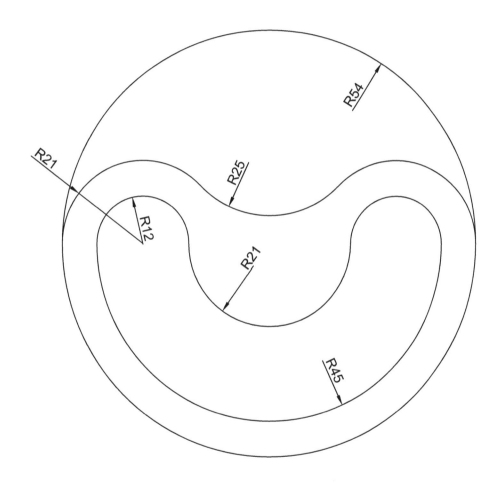

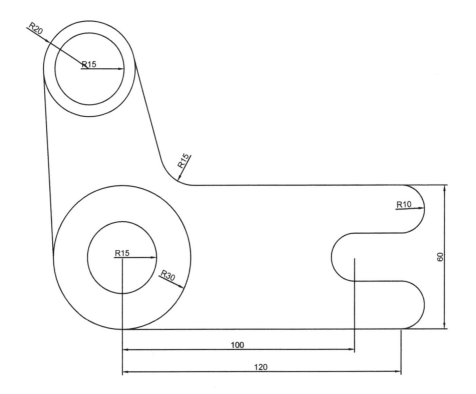

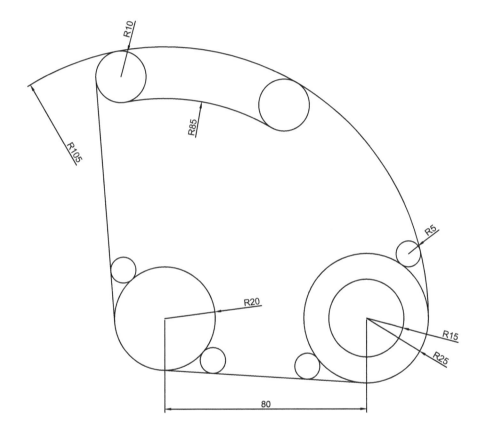

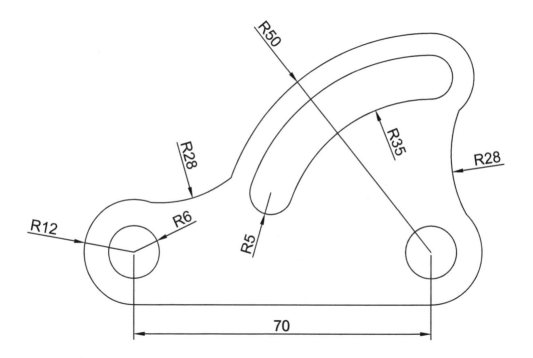

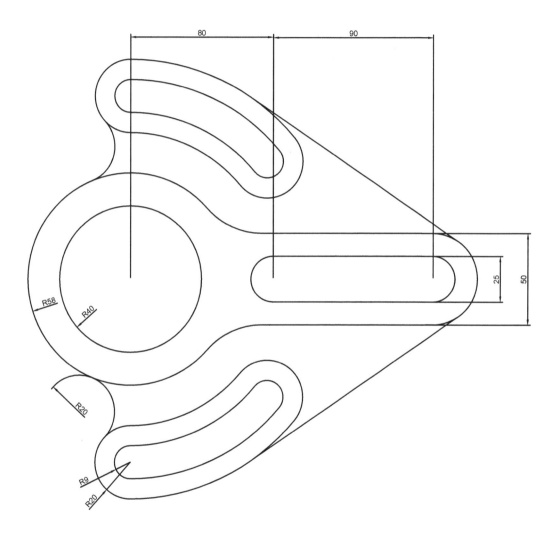

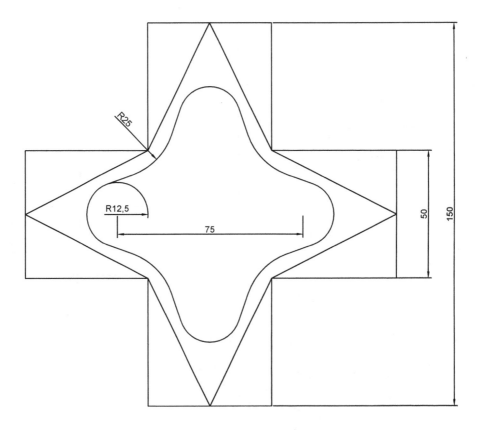

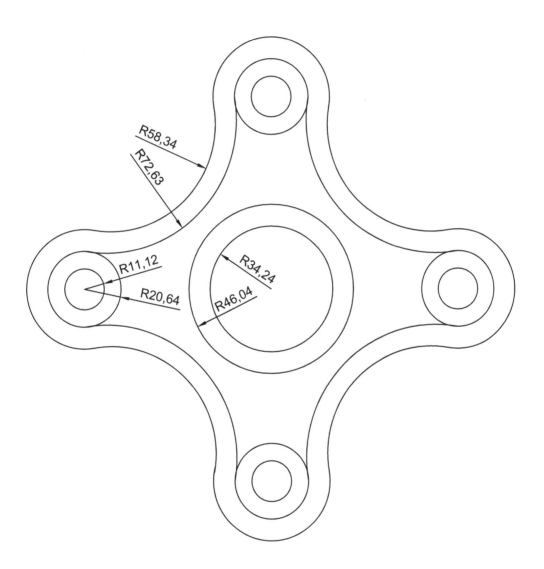

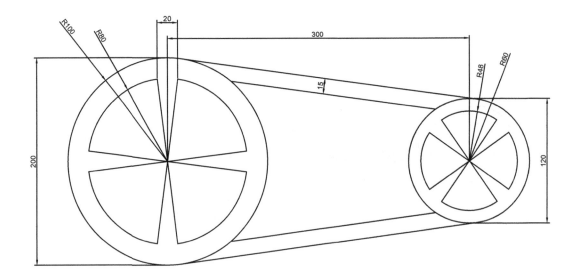

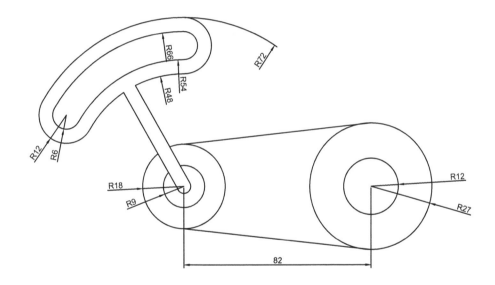

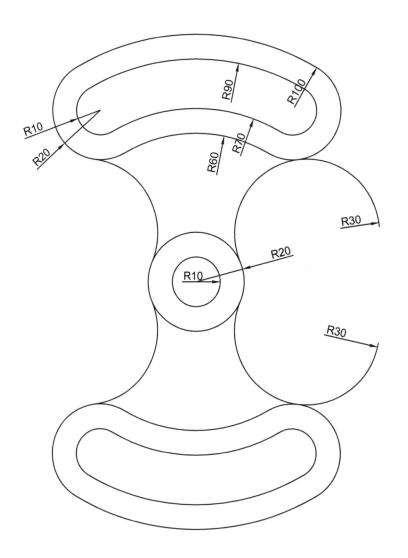

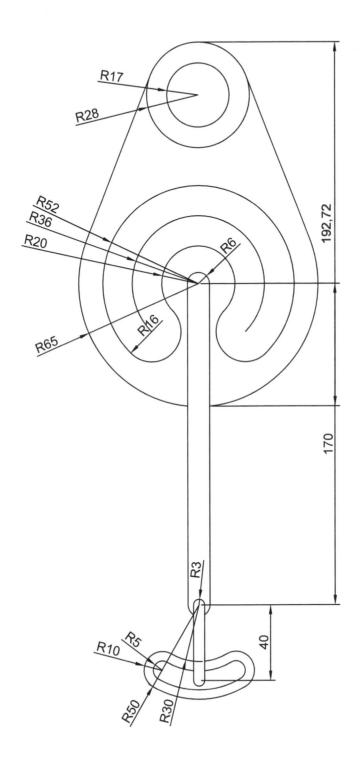

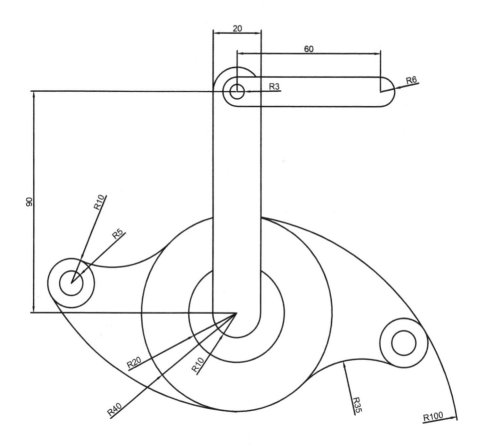

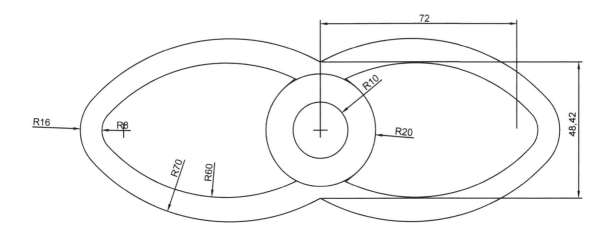

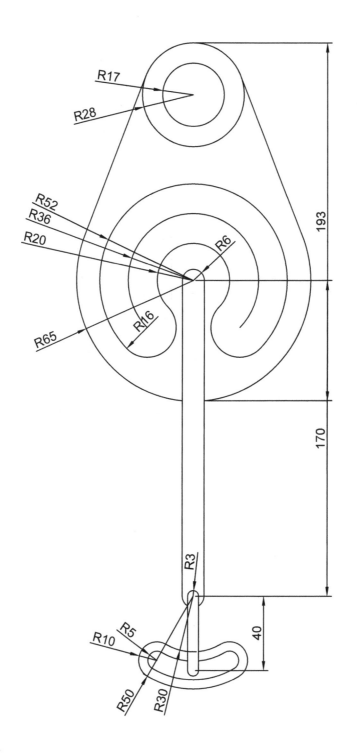

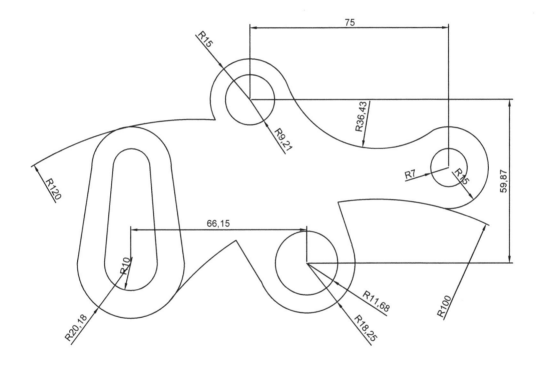

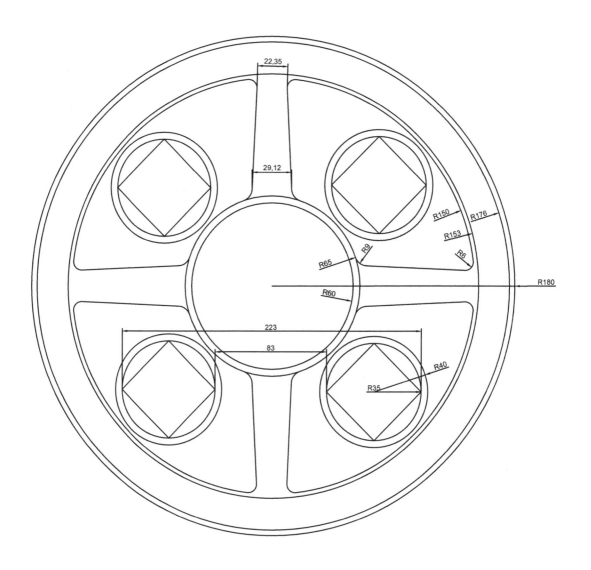

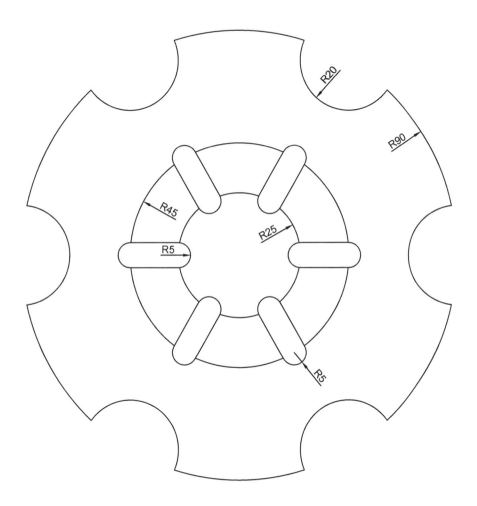

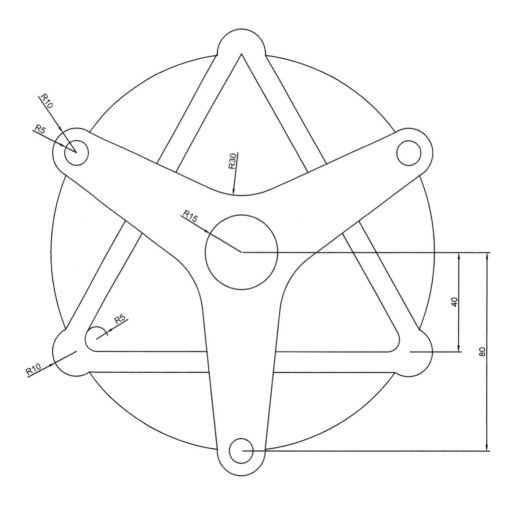

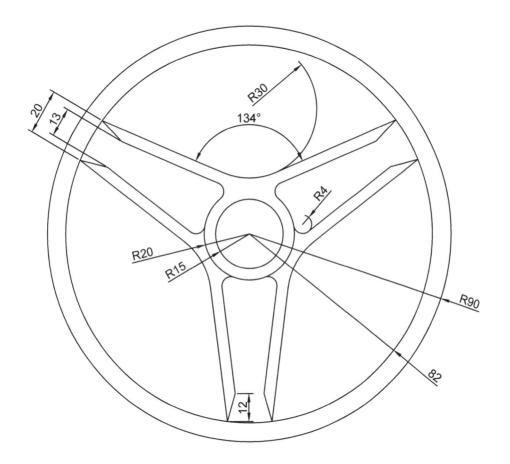

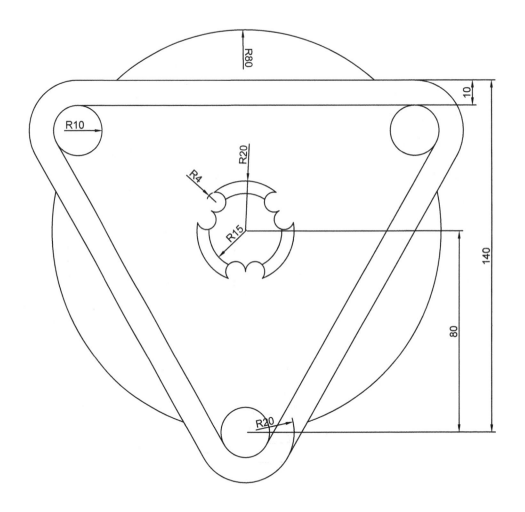

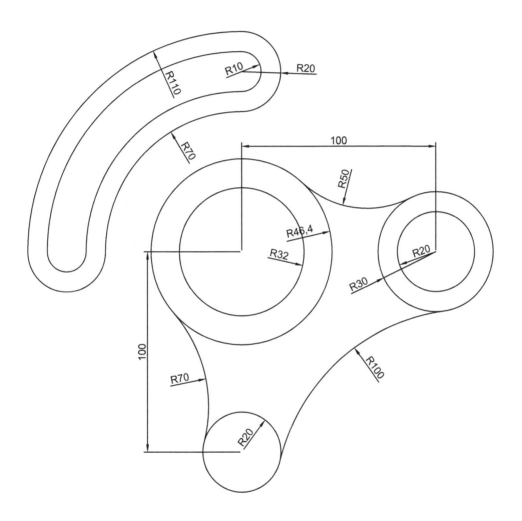

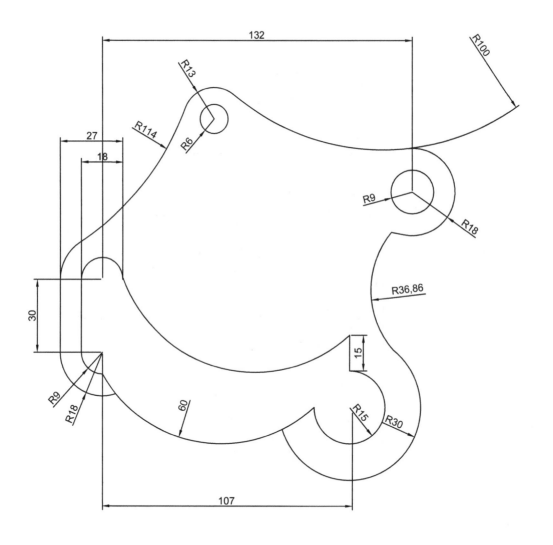

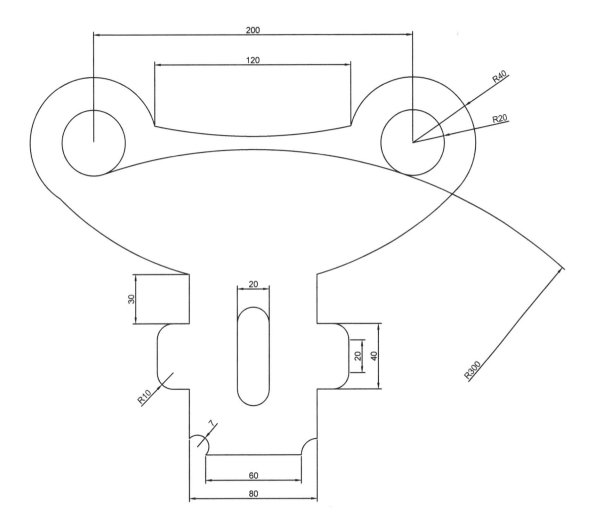

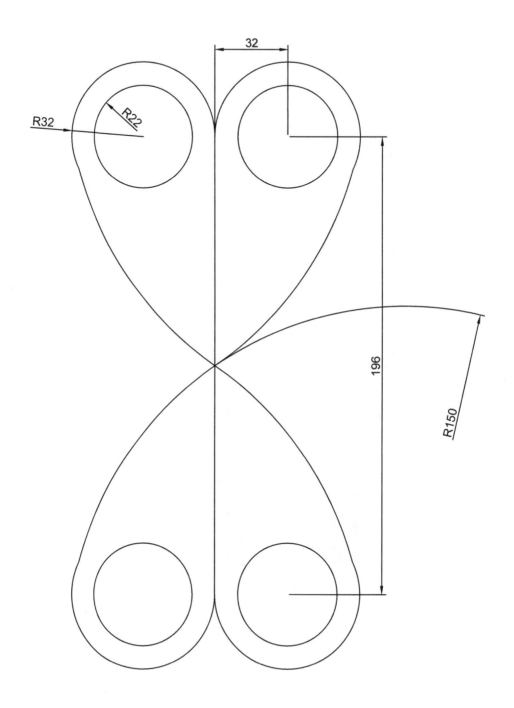

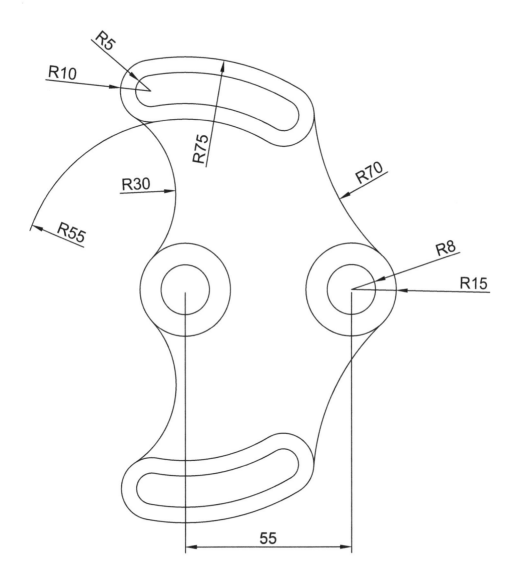

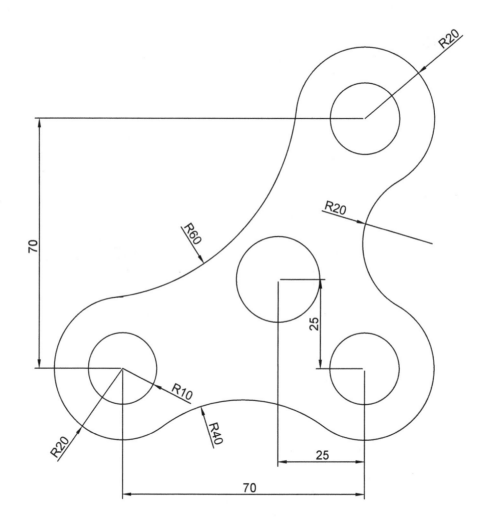

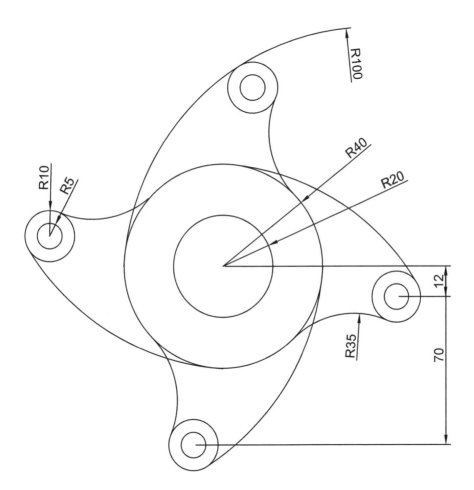

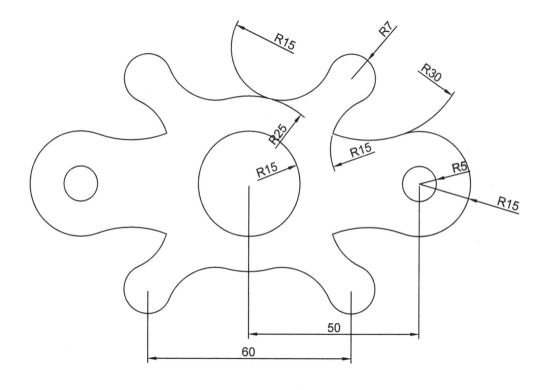

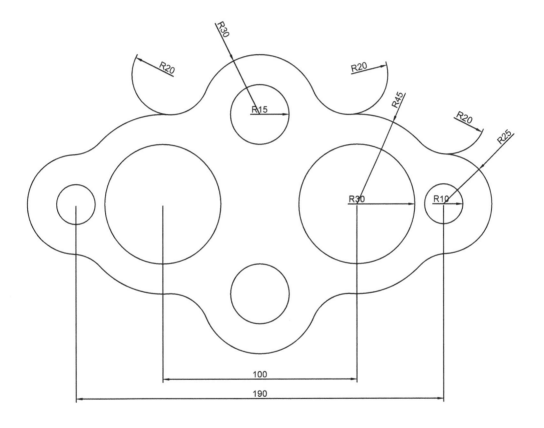

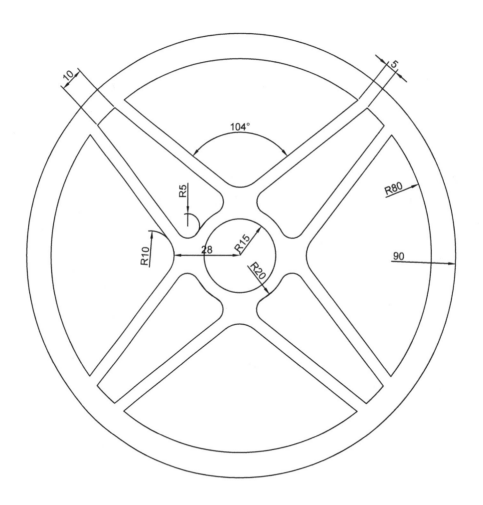

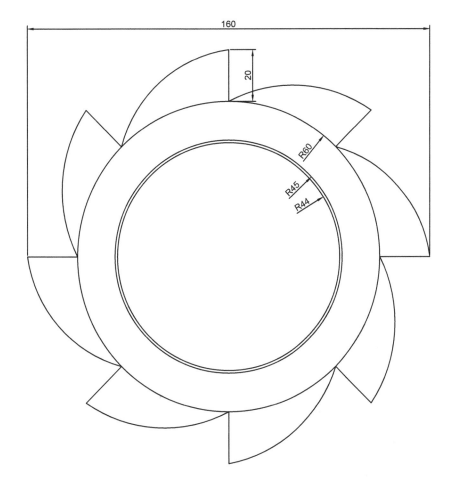

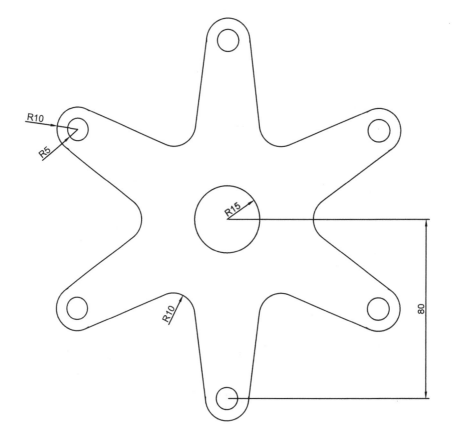

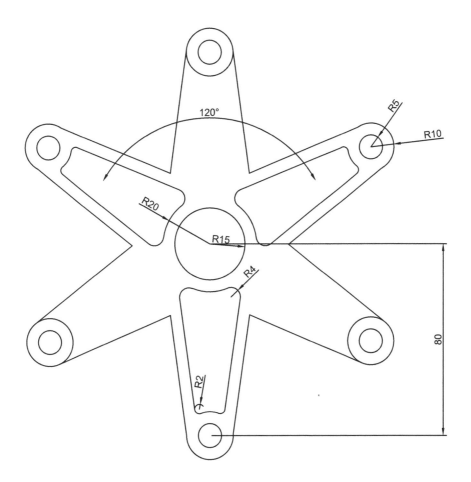

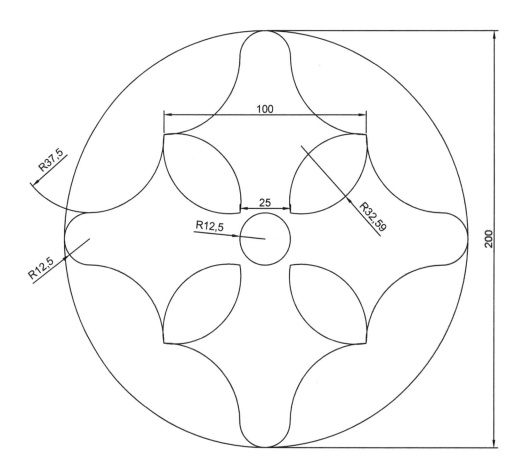

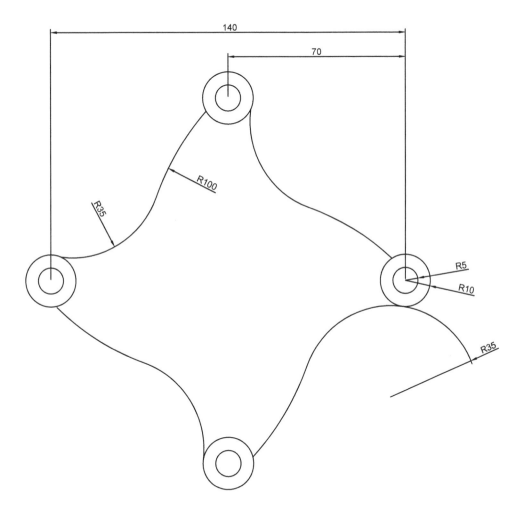

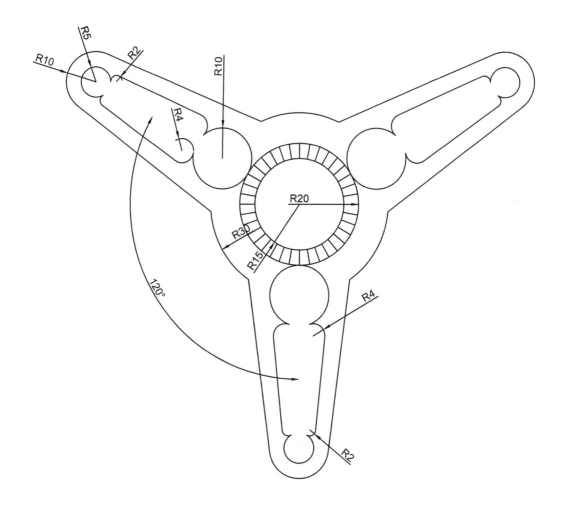

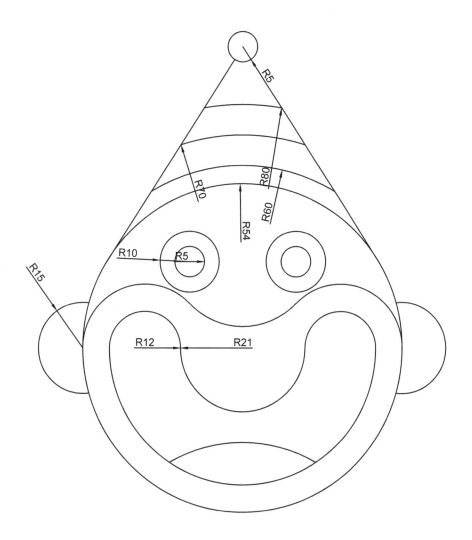

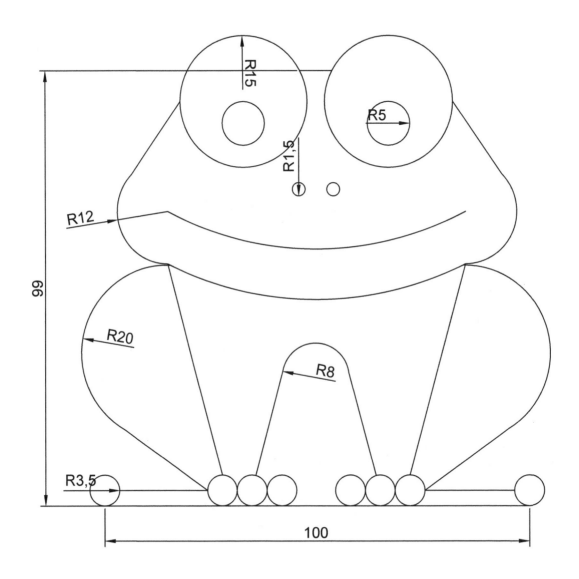

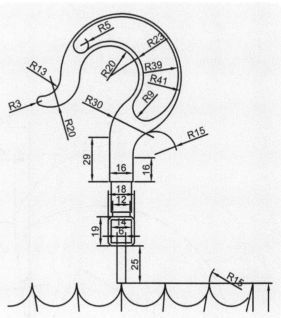

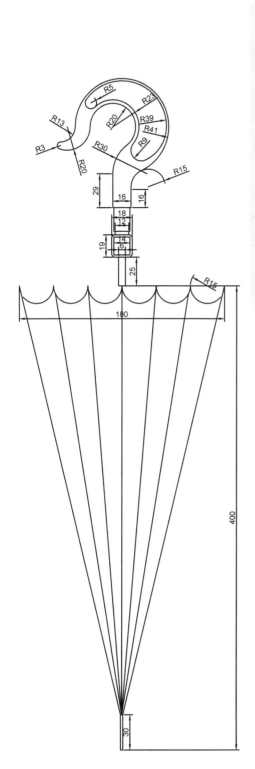

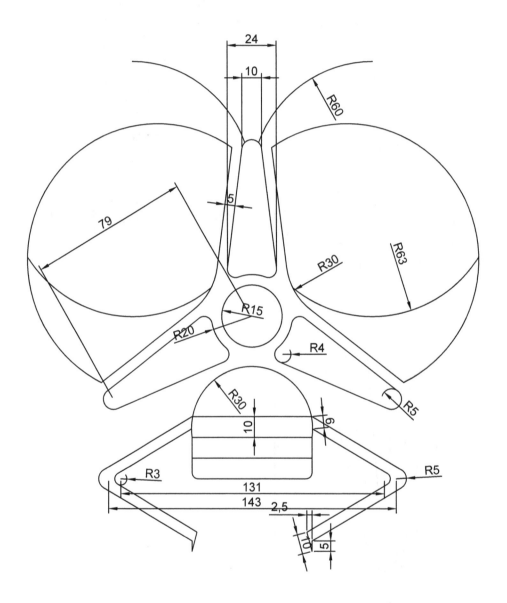

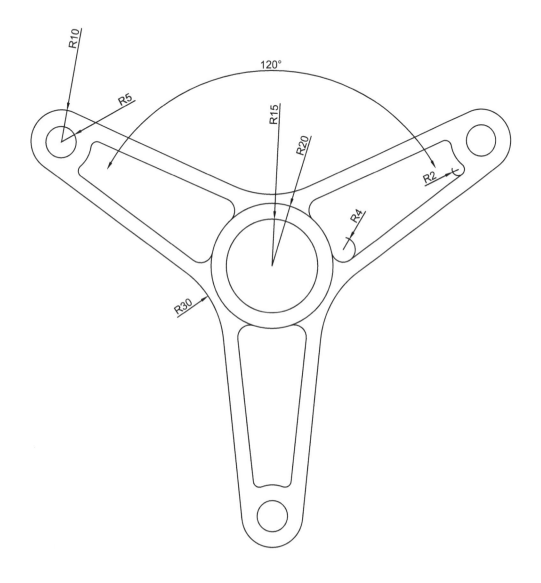

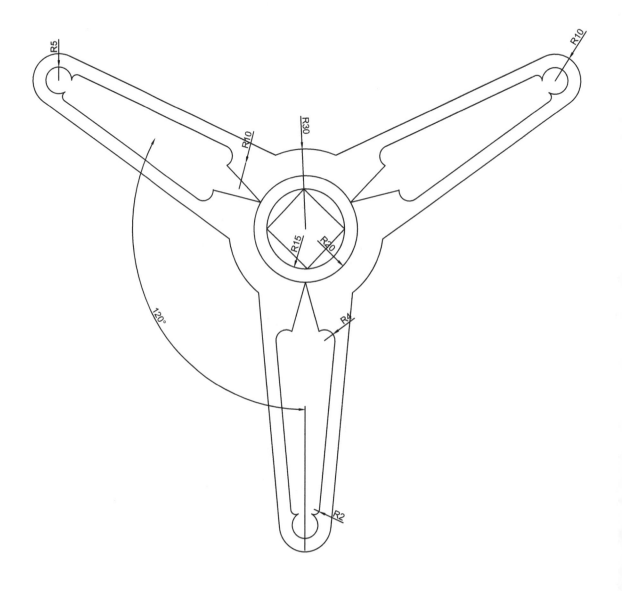

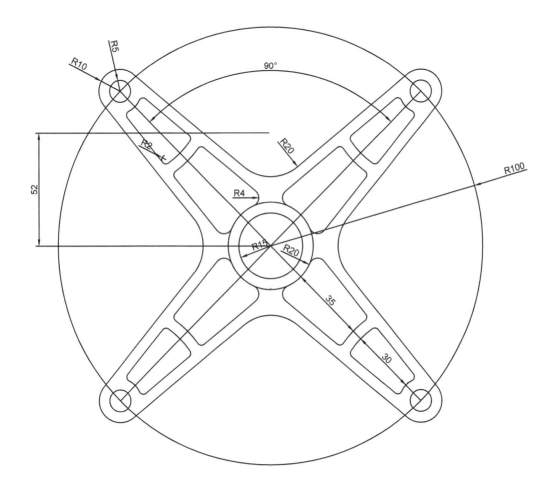

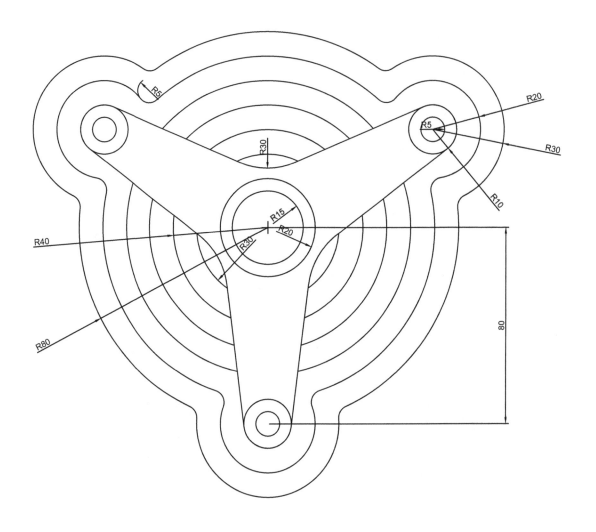

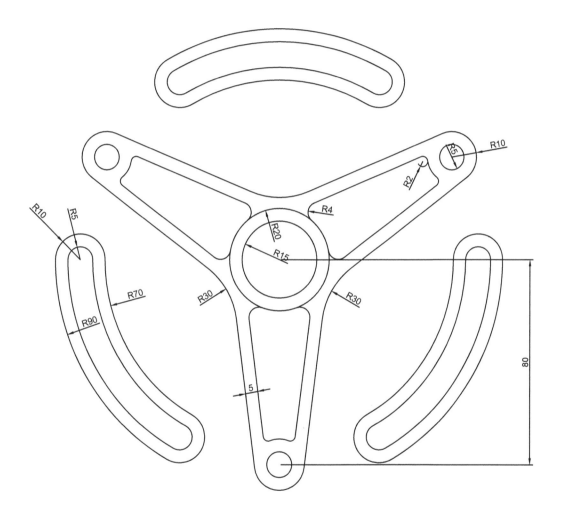

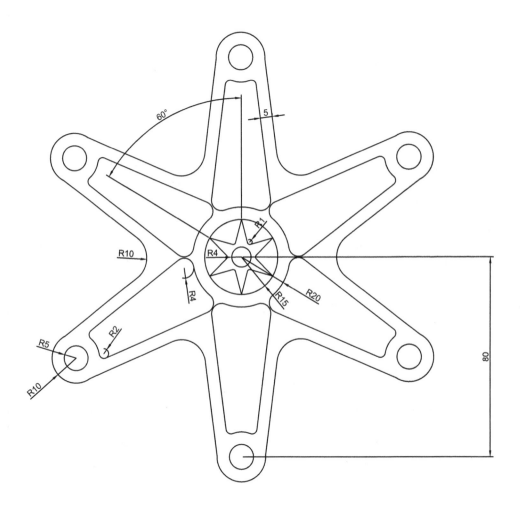

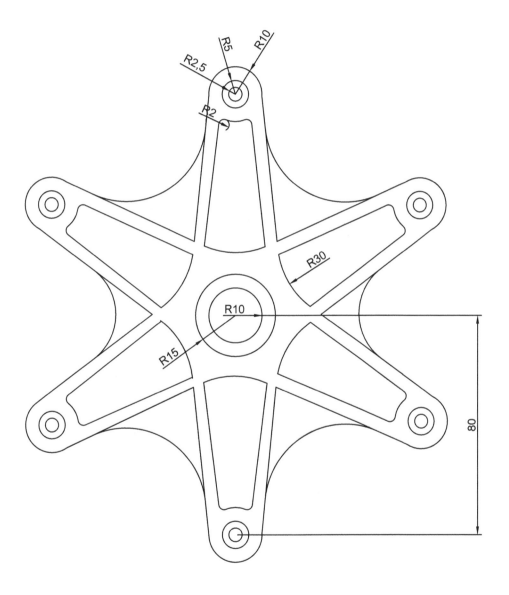

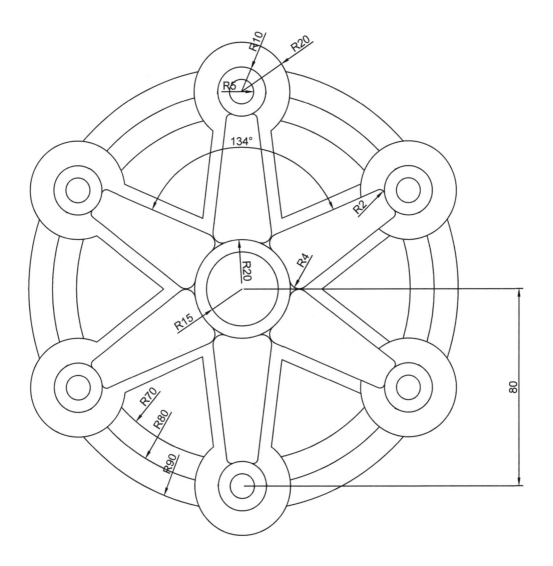

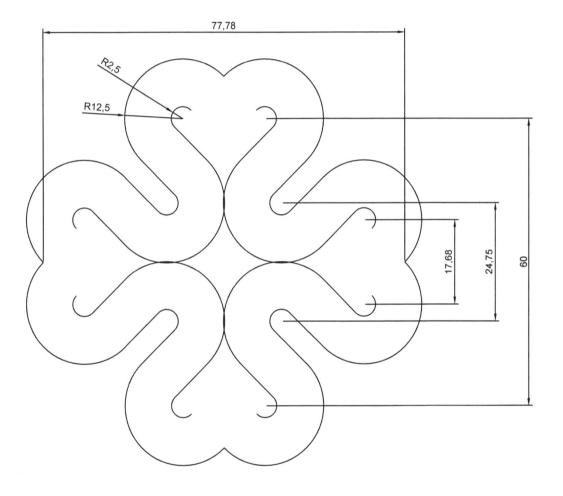

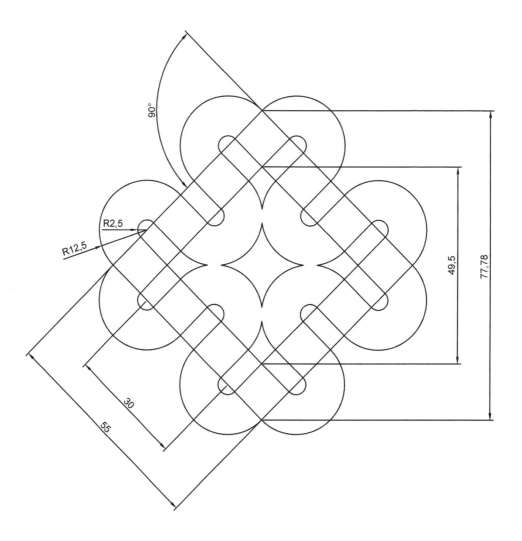

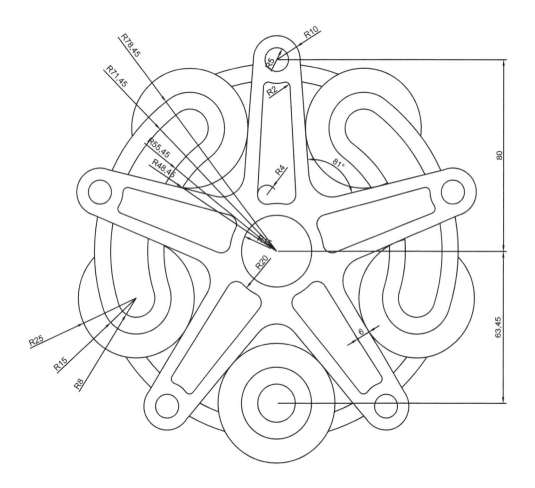

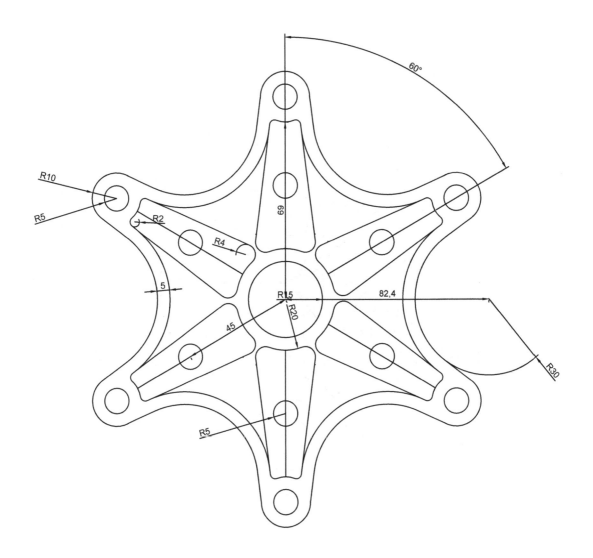

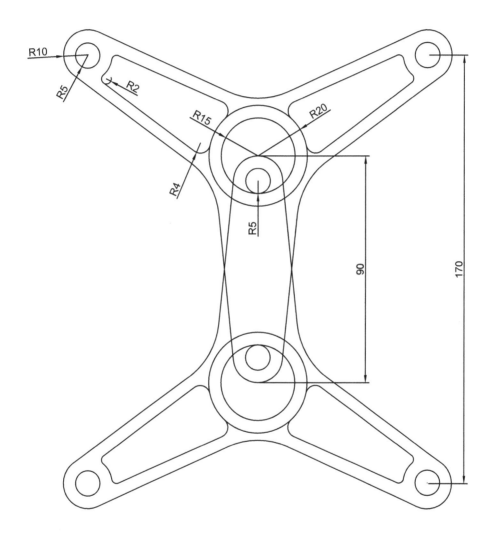

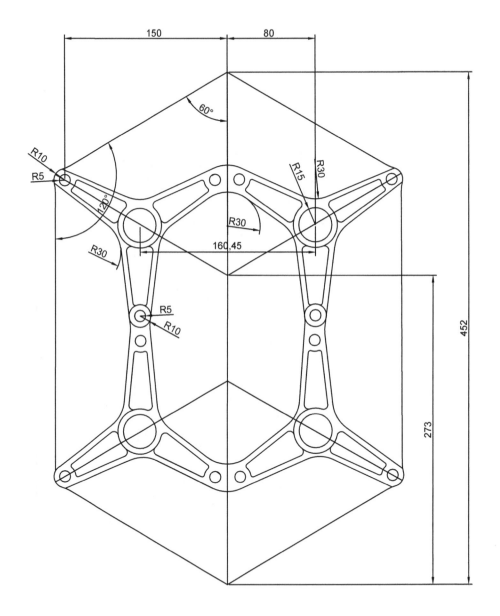

실습예제 II (임의 칫수)

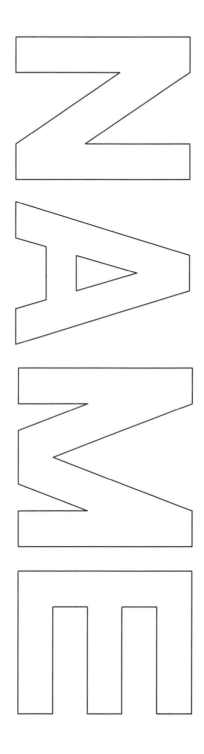

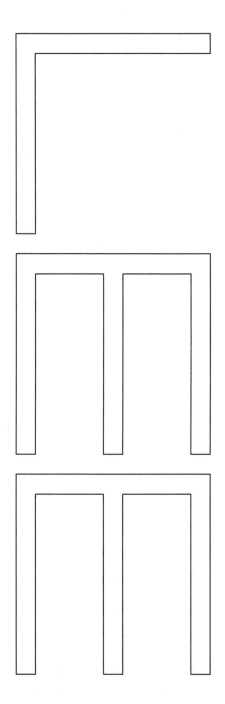

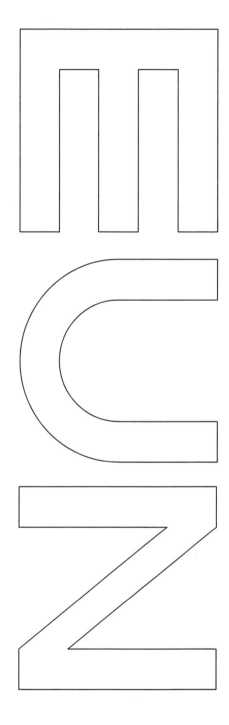

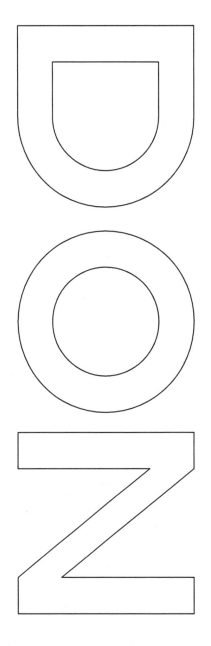

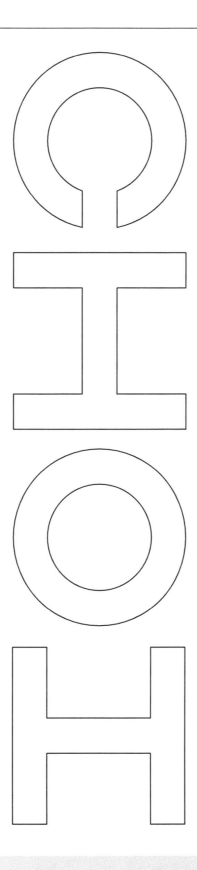

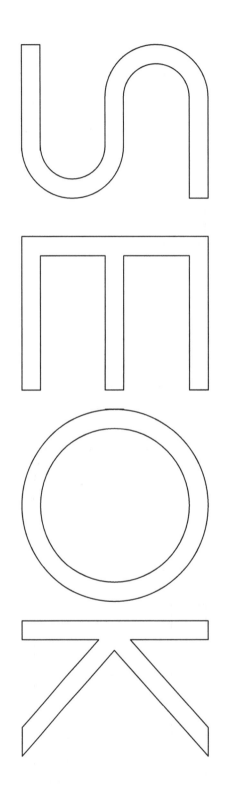

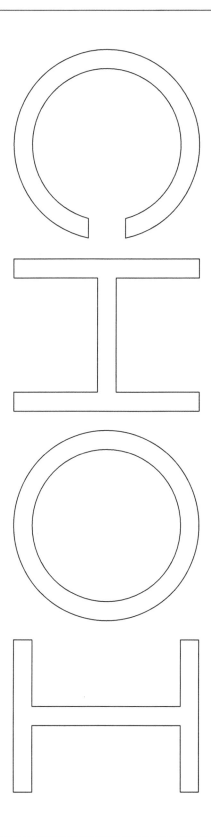

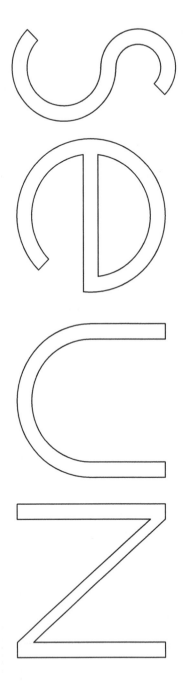

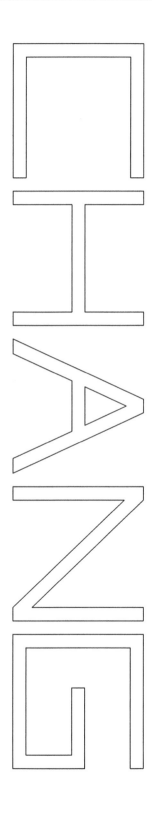

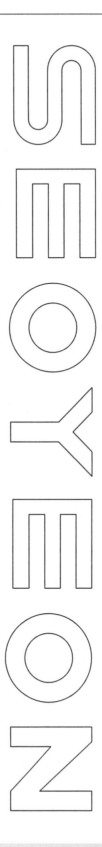

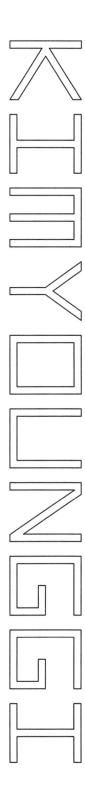

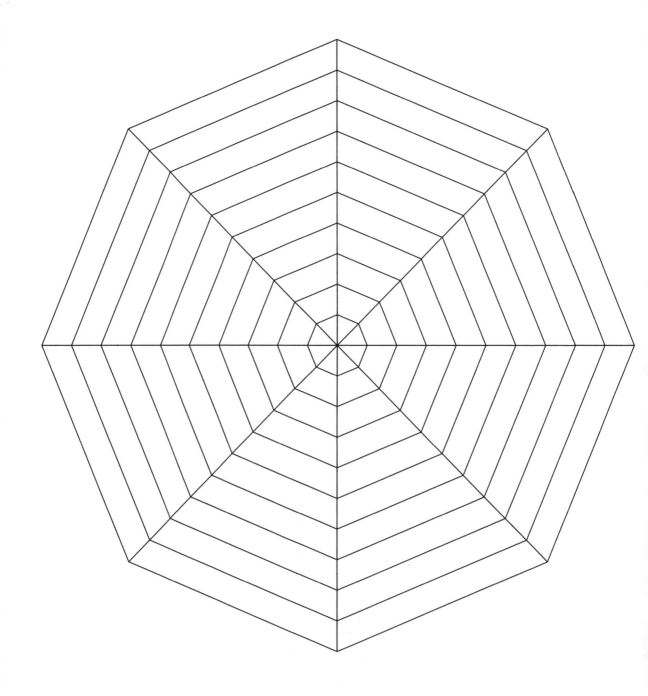

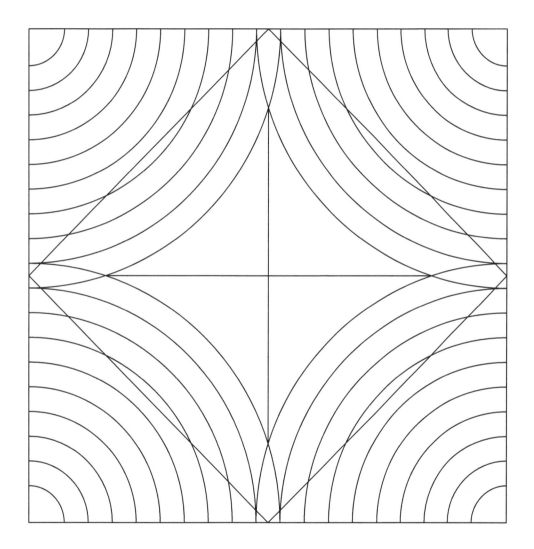

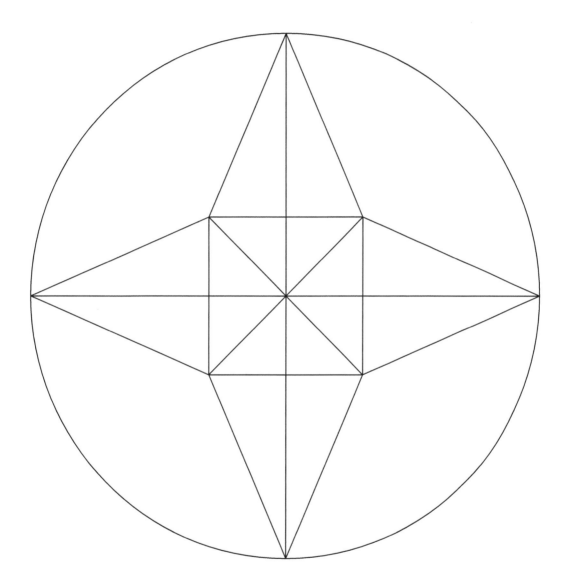

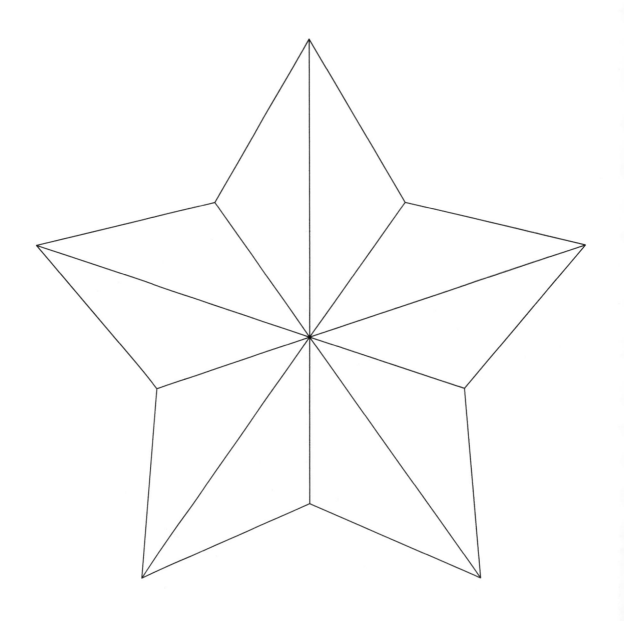

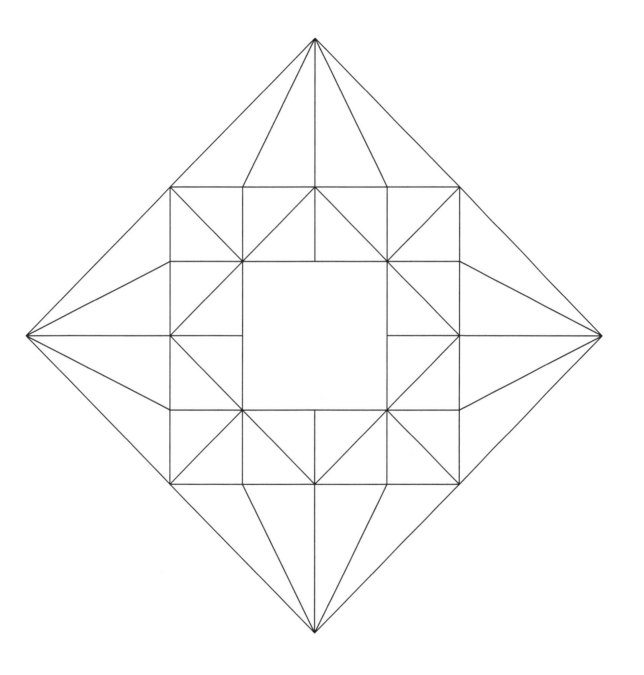

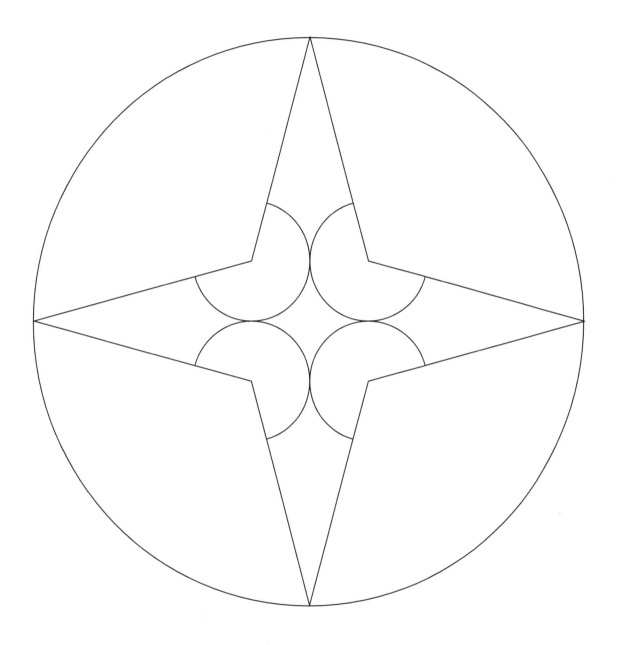

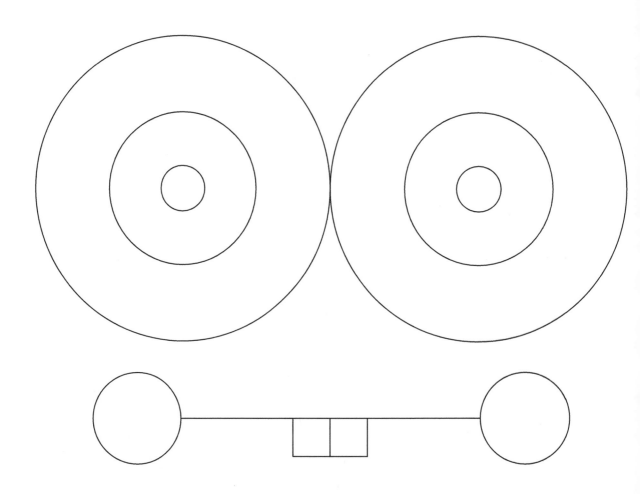

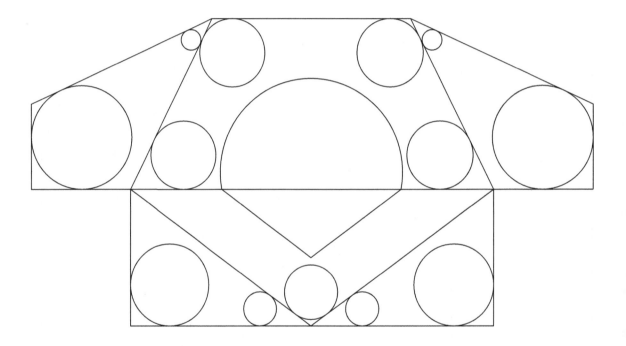

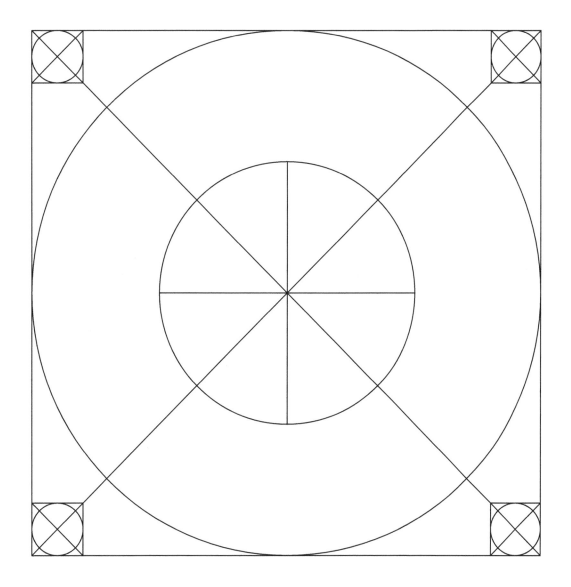

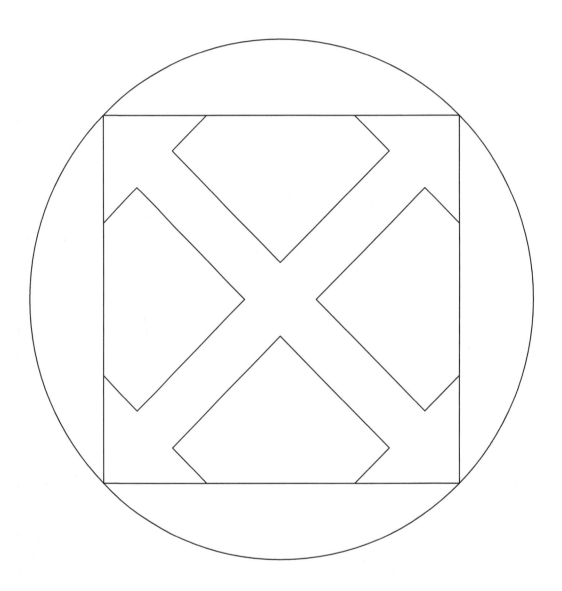

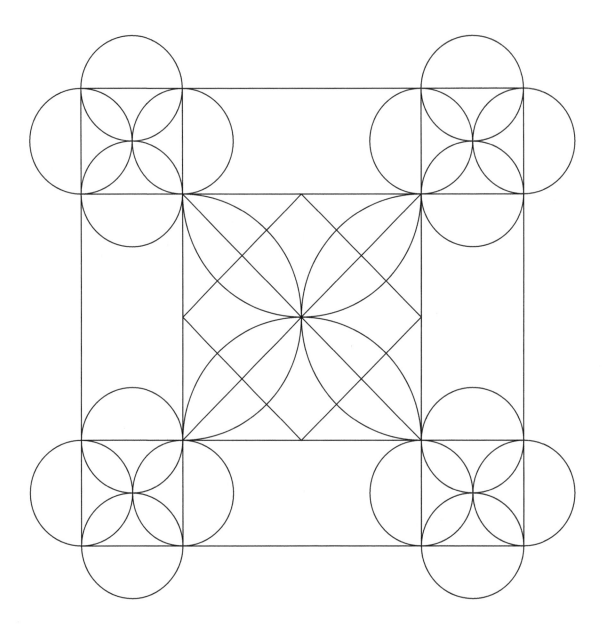

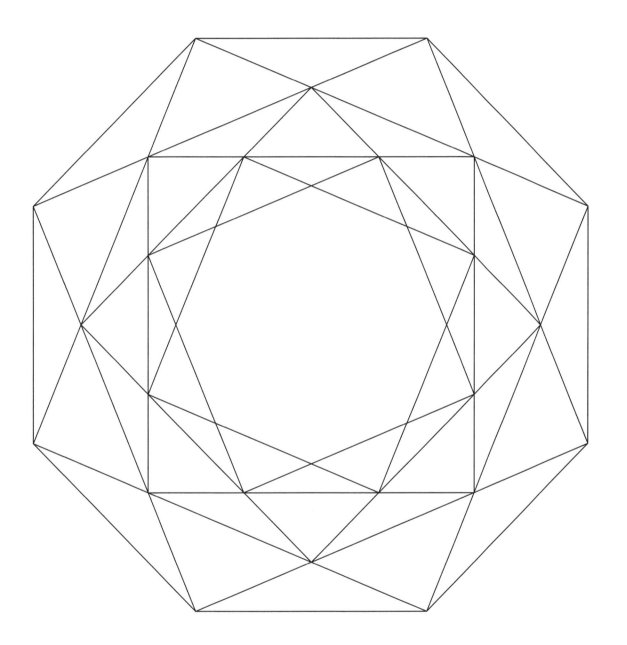

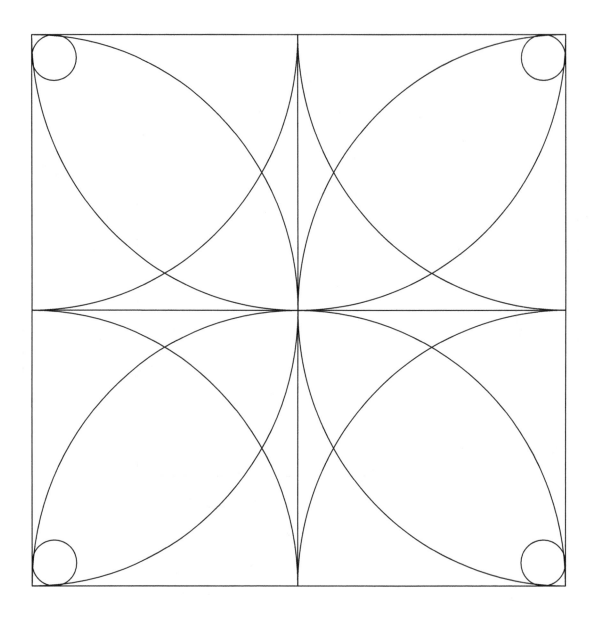

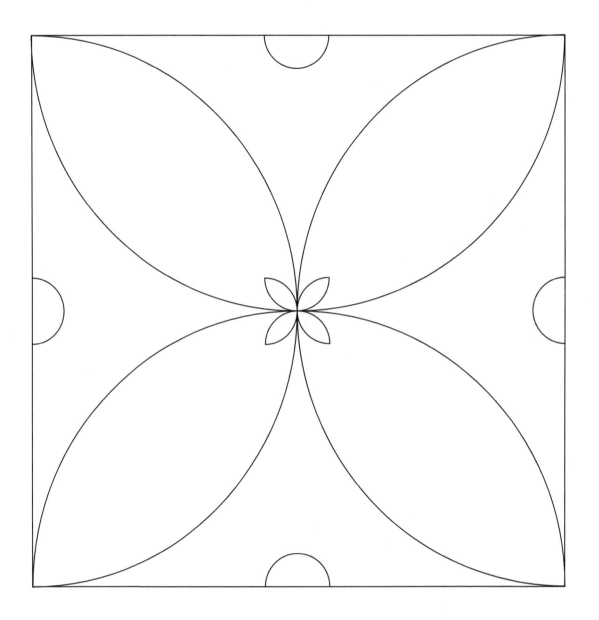

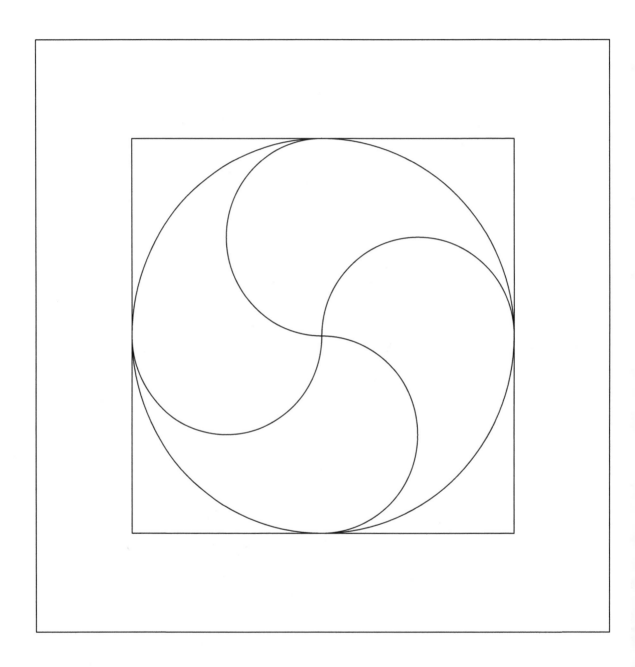

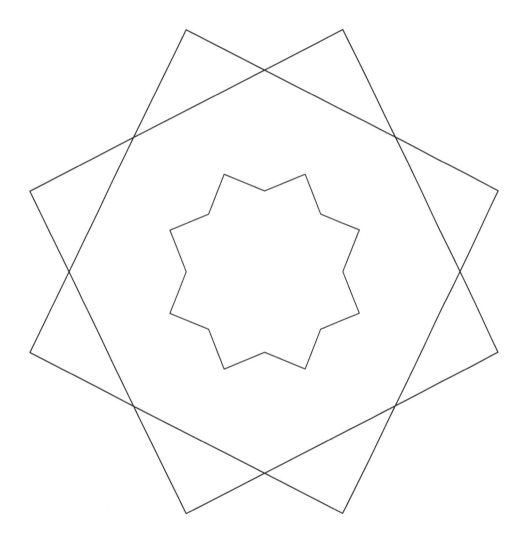

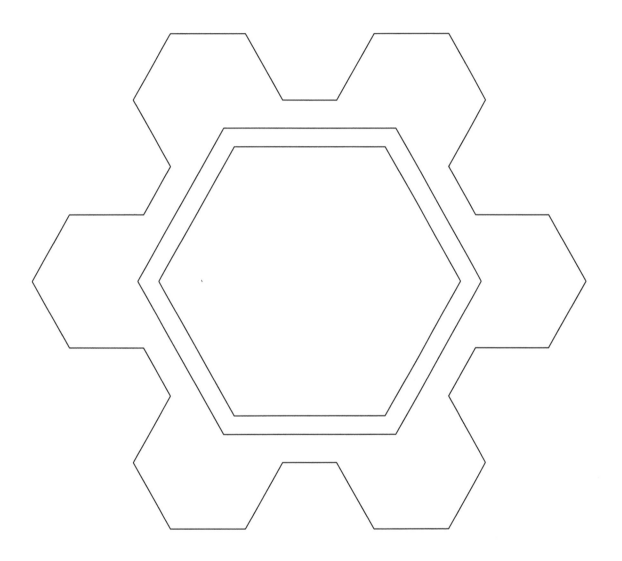

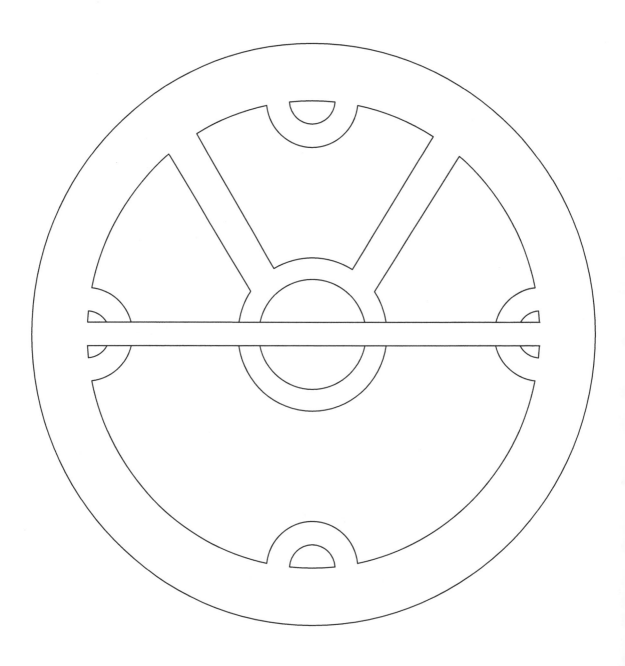

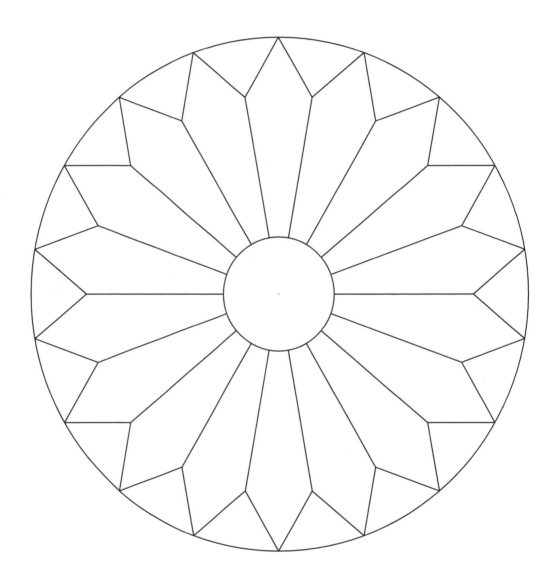

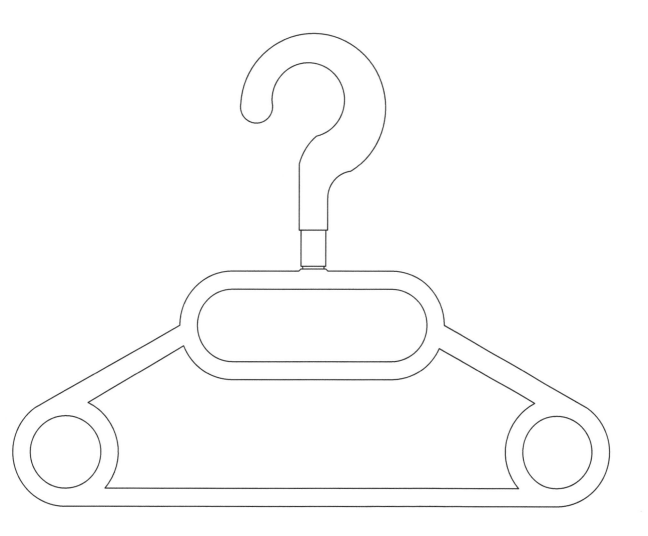

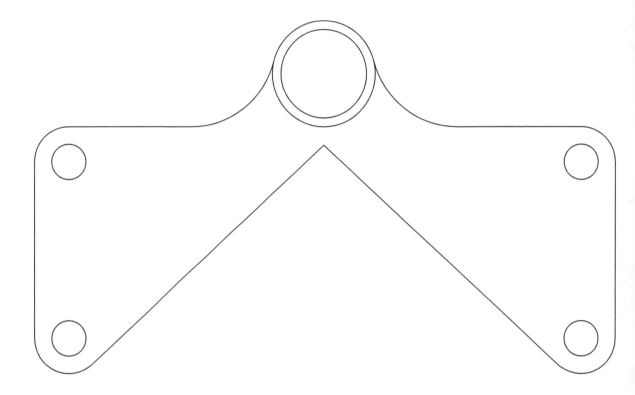

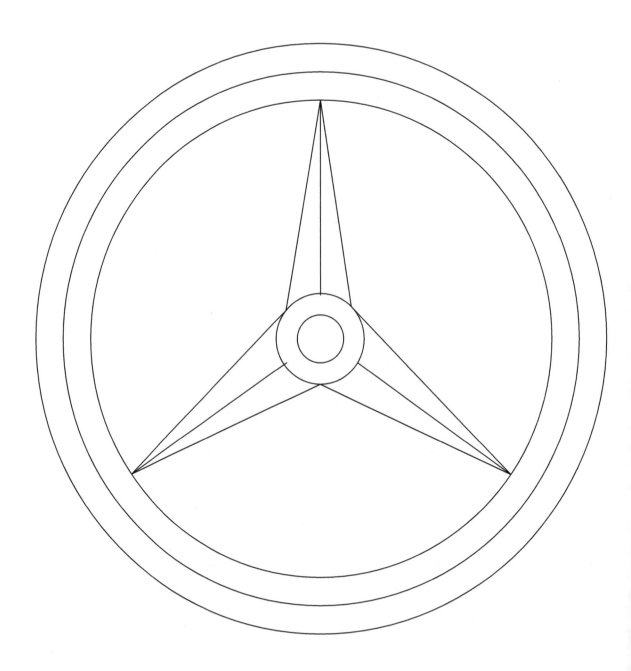

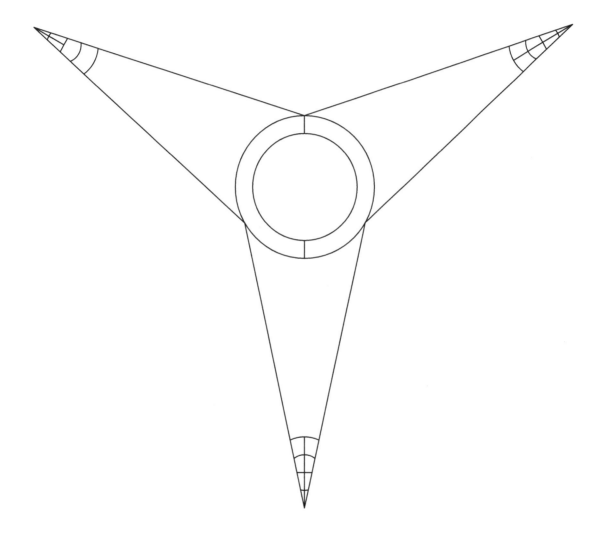

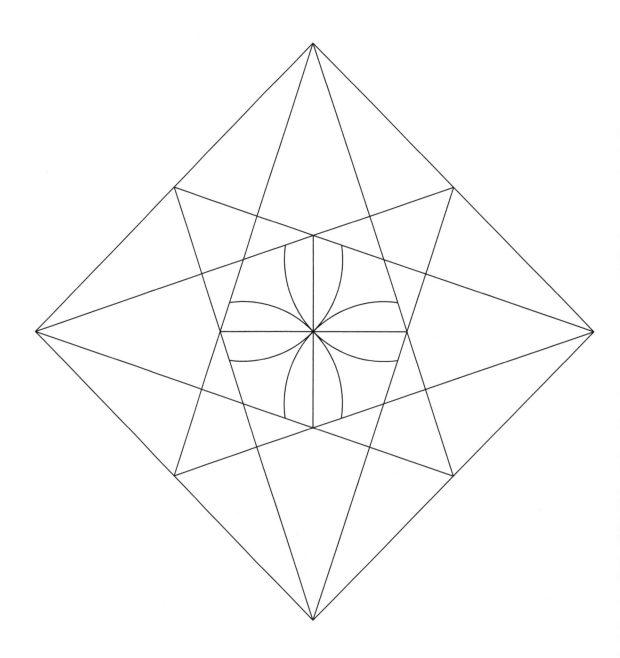

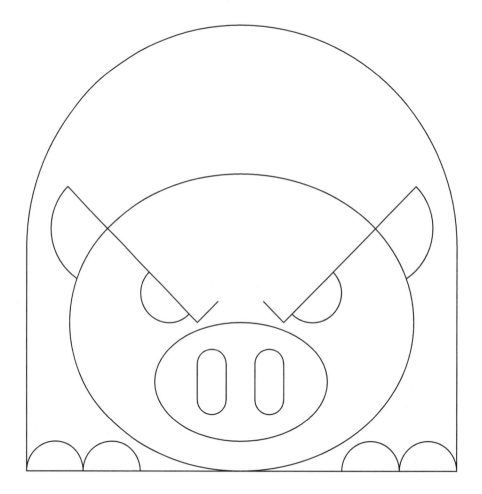

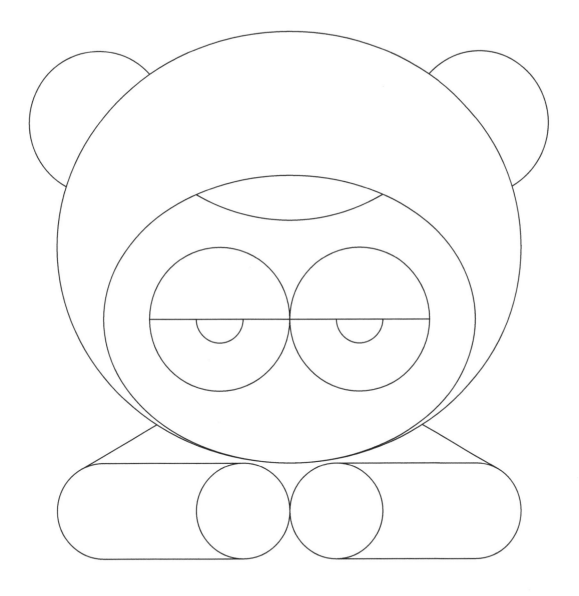

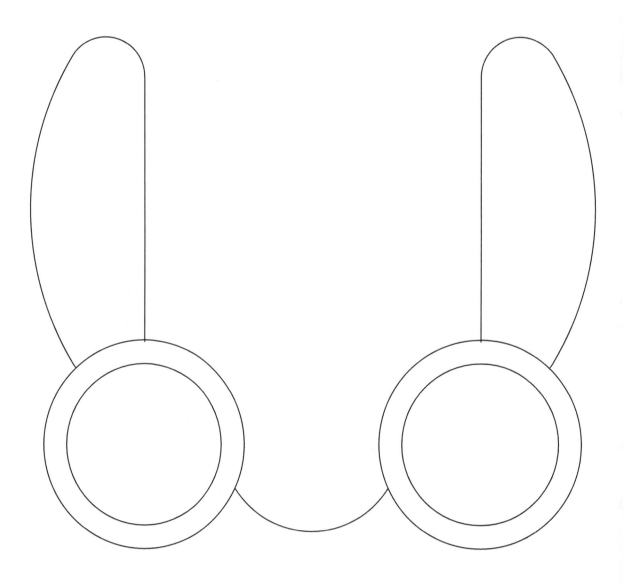

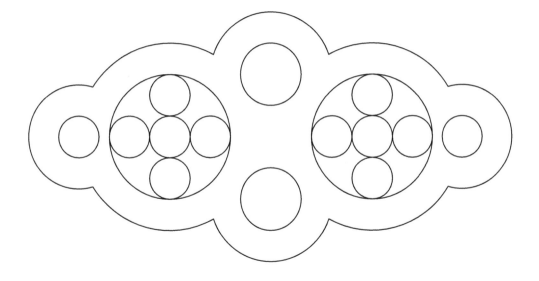

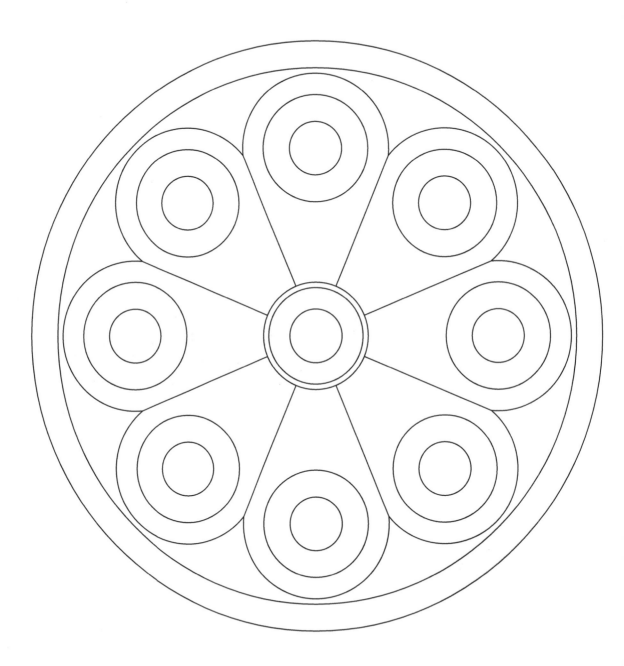

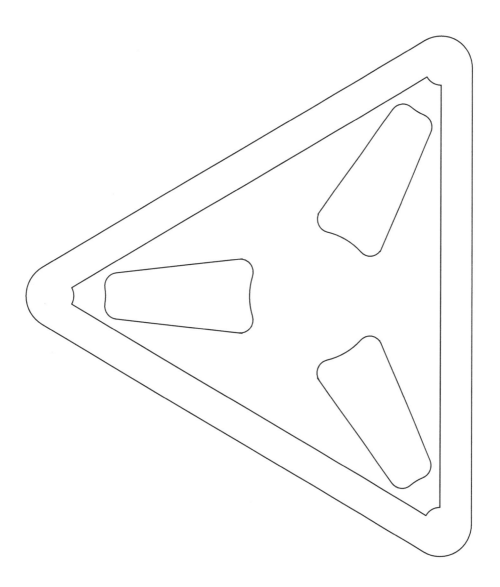

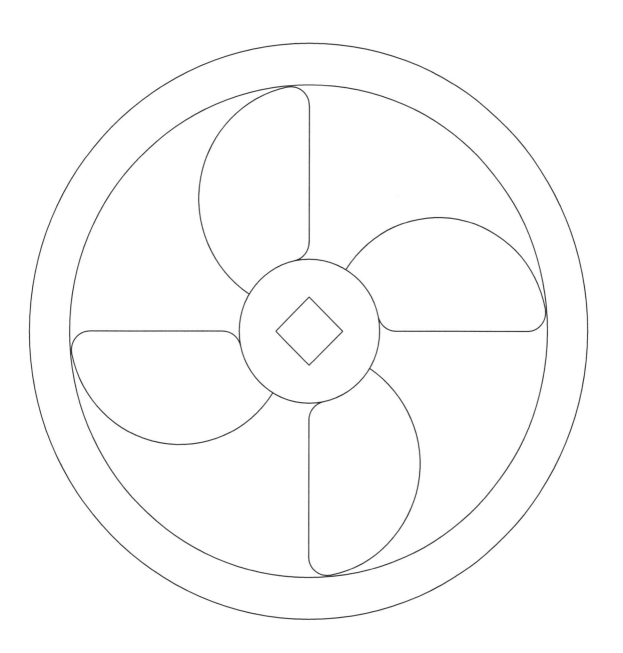

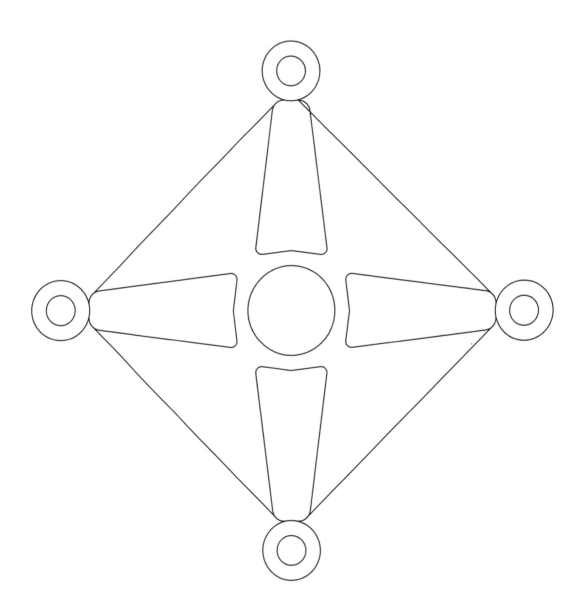

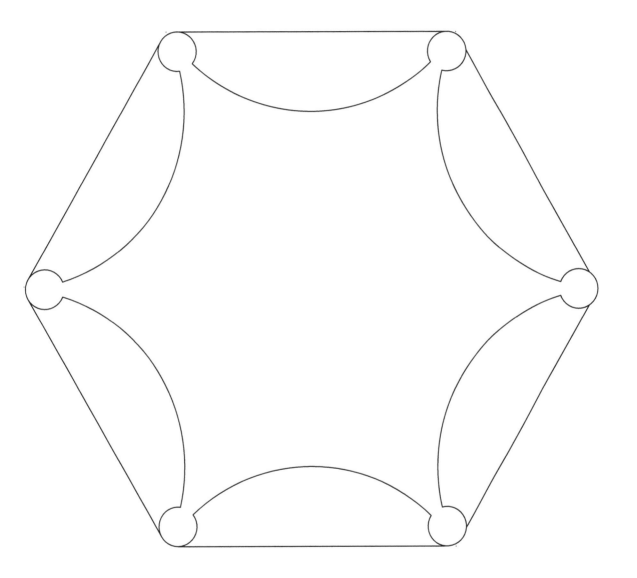

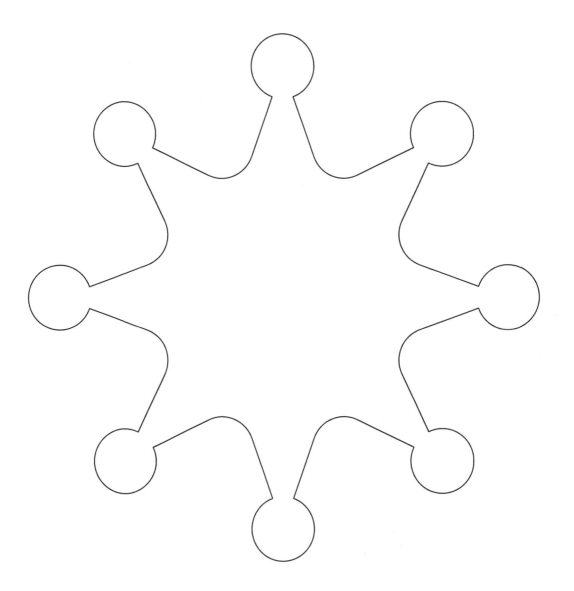

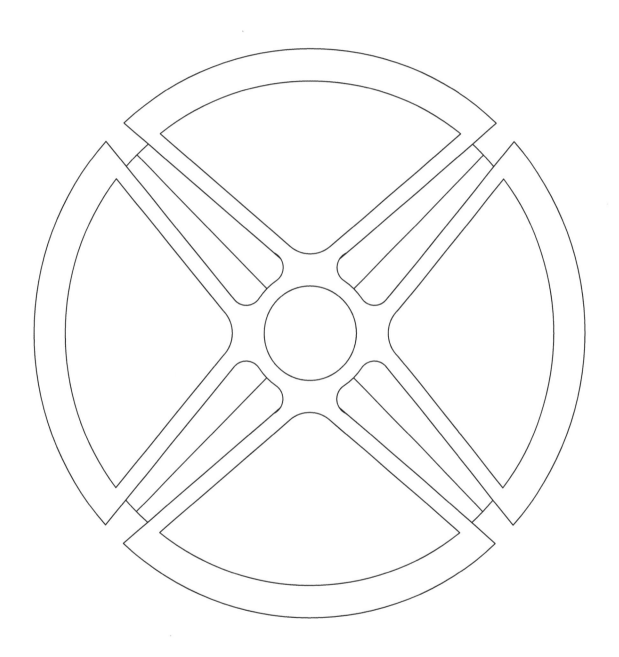

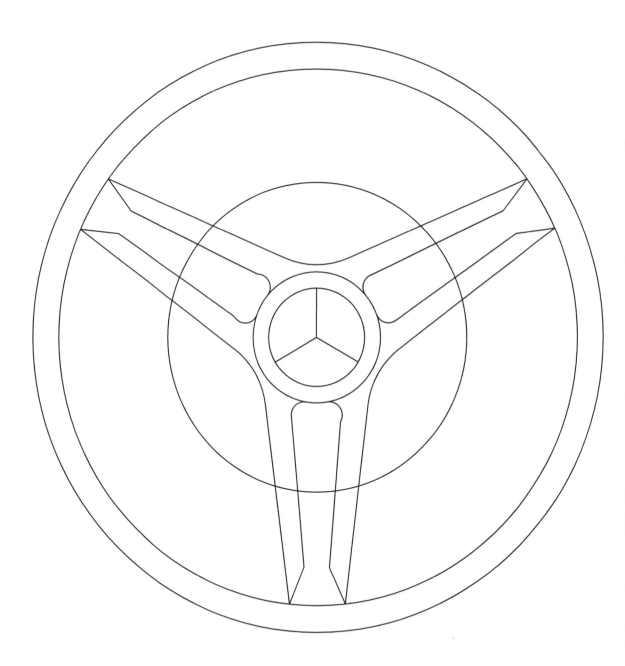

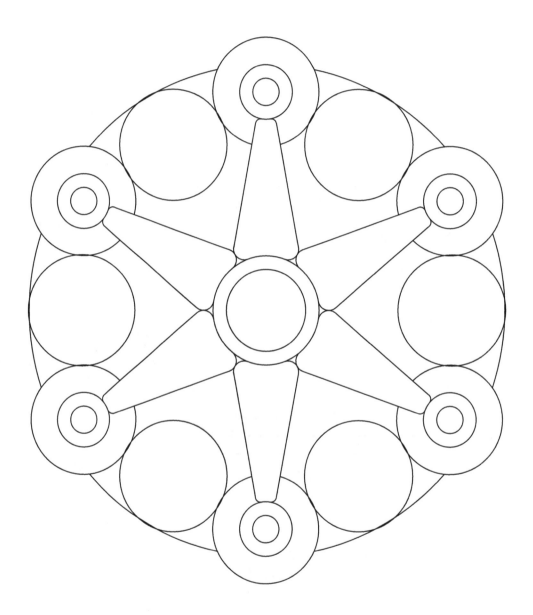

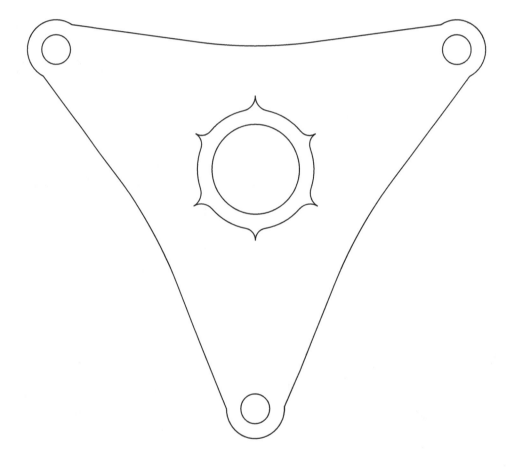

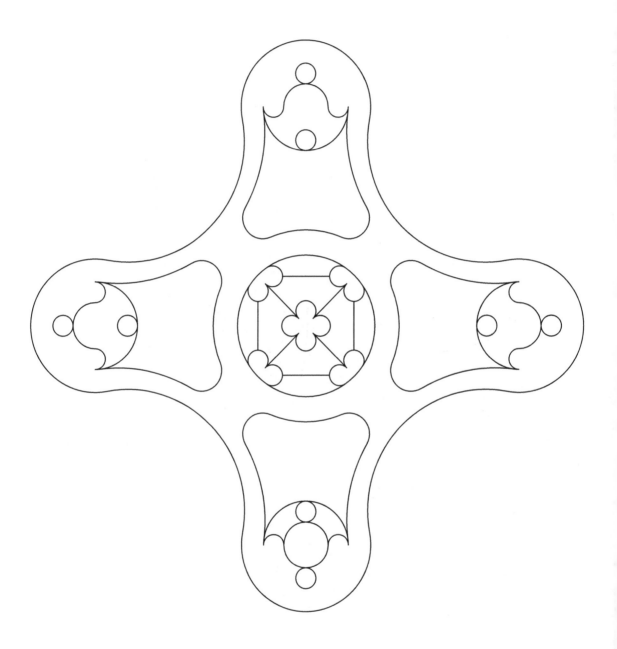

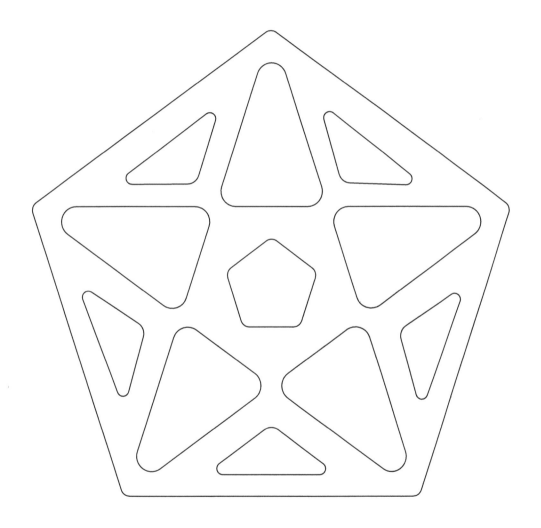

오토캐드 단축키 모음

작도(DRAWING) 명령

단축키	명령어	내용	비고
L	LINE	선 그리기	
A	ARC	호(원호)그리기	
C	CIRCLE	원 그리기	
REC	RECTANGLE	사각형 그리기	
POL	POLYGON	정다각형 그리기	
EL	ELLIPSE	타원 그리기	
XL	XLINE	무한선 그리기	
PL	PLINE	연결선 그리기	
SPL	SPLINE	자유곡선 그리기	
ML	MLINE	다중선 그리기	
DO	DONUT	도넛 그리기	
PO	POINT	점 찍기	

편집(EDIT) 명령

단축키	명령어	내용	비고
Ctrl+Z	UNDO	이전명령 취소	
Ctrl+Y	MREDO	UNDO취소	다중복구
E	ERASE	지우기	
EX	EXTEND	선분 연장	
	TRIM	선부 자르기	
O	OFFSET	등각격및평행선 복사	
CO	COPY	객체복사	
M	MOVE	객체이동	
AR	ARRAY	배열복사	
MI	MIRROR	대칭복사	

F	FILLET	모깍기	라운드
CHA	CHAMFER	모따기	
RO	ROTATE	객체회전	
SC	SCALE	객체축척변경	
S	STRETCH	선분 신축(늘리고 줄이기)	점 이동
LEN	LENGTHEN	선분 길이 변경	
BR	BREAK	선분 대충 자르기	
X	EXPLODE	객체 분해	
J	JOIN	PLINE 만들기	
PE	PEDIT	PLINE 편집	
SPE	SPLINEDIT	자유곡선 수정	
DR	DRAWORDER	객체 높낮이 조절	

문자쓰기 및 편집 명령

단축키	명령어	내용	비고
T, MT	MTEXT	다중문자 쓰기	문서작성
DT	DTEXT	다이나믹문자 쓰기	도면문자
ST	STYLE	문자 스타일 변경	
ED	DDEDIT	문자,치수문자 수정	

치수 기입 및 편집 명령

단축키	명령어	내용	비고
QDIM	QDIM	빠른 치수기입	
DLI	DIMLINEAR	선형 치수기입	
DAL	DIMALIGNED	사선 치수기입	
DAR	DIMARC	호길이 치수기입	

DOR	DIMORDINATE	좌표 치수기입	
DRA	DIMRADIUS	반지름 치수기입	
DJO	DIMJOGGED	주름(?) 반지름 치수기입	
DDI	DIMDIAMETER	지름 치수기입	
DAN	DIMANGULAR	각도 치수기입	
DBA	DIMBASELINE	첫점 연속치수기입	
DCO	DIMCONTINUE	끝점 연속치수기입	
MLD	MLEADER	다중 치수보조선 작성	인출선 작성
MLE	MLEADEREDIT	다중 치수보조선 수정	인출선 수정
LEAD	LEADER	치수보조선 기입	인출선 작성
DCE	DIMCENTER	중심선 작성	원,호
DED	DIMEDIT	치수형태 편집	
D	DIMSTYLE, DDIM	치수스타일 편집	

도면 패턴

단축키	명령어	내용	비고
H	HATCH	도면 해치패턴 넣기	
BH	BHATCH	도면 해치패턴 넣기	
HE	HATCHEDIT	해치 편집	
GD	GRADIENT	그라디언트 패턴 넣기	

도면 특성변경

단축키	명령어	내용	비고
LA	LAYER	도면층 관리	
LT	LINETYPE	도면선분 특성관리	
LTS	LTSCALE	선분 특성 크기 변경	
COL	COLOR	기본 색상 변경	

MA	MATCHPROP	객체속동 맞추기	
MO, CH	PROPERTIES	객체속성 변경	

블록 및 삽입 명령

단축키	명령어	내용	비고
B	BLOCK	객체 블록 지정	
W	WBLOCK	객체 블록화 도면 저장	
I	INSERT	도면 삽입	
BE	BEDIT	블록 객체 수정	
XR	XREF	참조도면 관리	

드로잉 환경설정 및 화면, 환경설정

단축키	명령어	내용	비고
OS, SE	OSNAP	오브젝트 스냅 설정	
Z	ZOOM	도면 부분 축소확대	
P	PAN	화면 이동	
RE	REGEN	화면 재생성	
R	REDRAW	화면 다시그리기	
OP	OPTION	AutoCAD환경설정	
UN	UNITS	도면 단위변경	

도면특성 및 객체정보

단축키	명령어	내용	비고
DI	DIST	길이 체크	
LI	LIST	객체 속성 정보	
AA	AREA	면적 산출	

도면특성 및 객체정보

단축키	명령어	내용	비고
DI	DIST	길기 체크	
LI	LIST	객체 속성 정보	
AA	AREA	면적 산출	

FUNCTION키 셋팅 값

기능키	명령	내용	비고
F1	HELP	도움말 보기	
F2	TEXT WINDOW	커멘드 창 띄우기	
F3	OSNAP ON/OFF	객체스냅 사용유무	
F4	TABLET ON/OFF	타블렛 사용유무	
F5	ISOPLANE	2.5차원 방향 변경	
F6	DYNAMIC UCS ON/OFF	자동 UCS 변경 사용유무	
F7	GRID ON/OFF	그리드 사용유무	
F8	ORTHO ON/OFF	직교모드 사용유무	
F9	SNAP ON/OFF	도면 스냅 사용유무	
F10	POLAR ON/OFF	폴라 트레킹 사용유무	
F11	OSNAP TRACKING ON/OFF	객체스냅 트레킹 사용유무	
F12	DYNAMIC INPUT ON/OFF	다이나믹 입력 사용유무	

Ctrl + 숫자 단축 값

기능	명령	내용	비고
Ctrl+1	PROPERTIES / PROPERTIESCLOSE	속성창 On/Off	
Ctrl+2	ADCENTER / ADCLOSE	디자인센터 On/Off	
Ctrl+3	TOOLPALETTES/ TOOLPALETTESCLOSE	툴팔레트 On/Off	
Ctrl+4	SHEETSET / SHEETSETHIDE	스트셋 메니져 On/Off	
Ctrl+5			기능없음
Ctrl+6	DBCONNECT / DBCCLOSE	DB접속 메니져 On/Off	
Ctrl+7	MARKUP / MARKUPCLOSE	마크업 셋트 메니져 On/OFF	
Ctrl+8	QUICKCALC / QCCLOSE	계산기 On/Off	
Ctrl+9	COMMANDLINE	커멘드 영역 On/Off	
Ctrl+0	CLENASCREENOFF	화면툴바 On/OFF	

오토캐드(Auto Cad) 기초부터 활용까지

초판발행 2024년 10월 10일
개정발행 2024년 10월 17일
지은이　김천식
펴낸이　노소영
펴낸곳　도서출판 마지원
등록번호 제559-2016-000004
전화　　031)855-7995
팩스　　02)2602-7995
주소　　서울 강서구 마곡중앙로 171
http://blog.naver.com/wolsongbook

ISBN | 979-11-92534-36-7 (13550)

정가 18,000원